開店製麵
人氣拉麵店烹調技術

排除名店的「麵條・湯頭・食材・調味醬」製作方法與理念

瑞昇文化

開店製麵　人氣拉麵店烹調技術 **Contents**〔目錄〕

名店的製麵方法

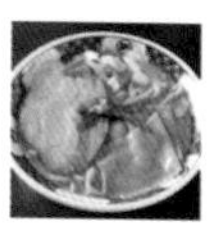

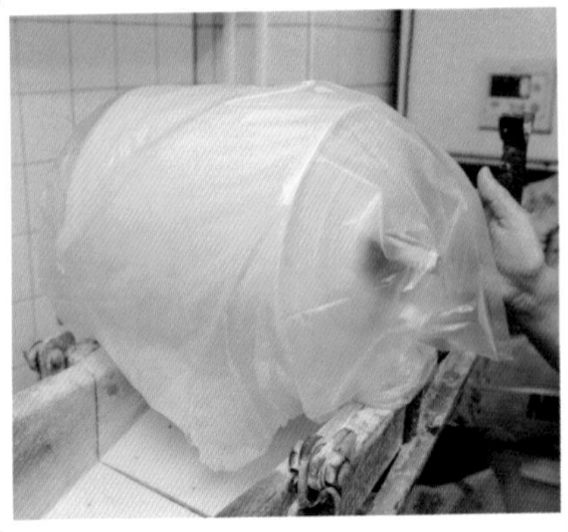
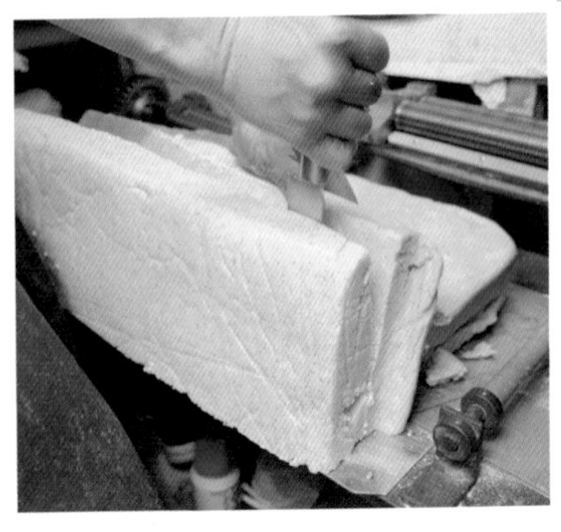

〔閱讀本書之前〕

- 烹調方式說明中所註記的加熱時間、加熱方法皆依各店家所使用的烹調設備為依據。
- 部分材料名稱、使用器具名稱皆為各店家慣用的稱呼方式。
- 書中部分內容引用自旭屋出版MOOK的《ラーメン繁盛法・第三集》（2020年8月發行）和2020年、2021年發行的月刊近代食堂中的文章。
- 書中記載的各店家烹調方式為取材當時（2020年2月～2021年5月）所取得的資訊。但各店家不斷精進、改良烹調方式和使用材料，書中內容僅為店家進化過程中某個時期所使用的方式與思考模式，這一點還請各位讀者見諒。
- 書中記載的拉麵、沾麵、拌麵等價格、盛裝方式、器具等為2021年5月的最新資訊。價錢部分若未標記「不含稅」，則皆為含稅價。
- 書中記載的各店家地址、營業時間、公休日皆為2021年5月當時的最新資訊。但營業時間和公休日可能視情況而有所不同，請務必事先進行確認。

東京 新桜台

ラハメン ヤマン

地東京都練馬区栄町22-1
席7坪·9席　時11時30分～16時、19時～22時　休週四
¥800日圓～900日圓

醬油拉麵（らはめん）【770日圓】

比起第一口的衝擊性，更重視完食後的餘韻。這碗拉麵使用的風味油是豬油加上分蔥和蒜頭等調製而成，充滿濃郁香氣。另外再搭配數種出汁高湯，以繁瑣程序烹煮完成。

以羅臼昆布、柴魚節、乾蝦、帆立貝萃取濃縮液等熬煮成高湯，再搭配能突顯高湯美味的醬油調味料、湯頭、雞油、風味油製作湯底。

鹽味沾麵【880日圓】

以湯頭、鹽味調味醬、風味油、黑胡椒、芝麻粉、青紫蘇、油蔥酥等熬製沾醬。另外搭配叉燒肉、青蔥、筍乾和日本蕪菁等配料。

為了餐點的一致性，使用熬煮叉燒肉的滷汁和湯頭烹調筍乾。不僅味道紮實，口感也非常清脆。活用乾燥筍乾的鮮脆爽口特性。

醬油口味乾麵（あぶらは）【825日圓】

將調味醬、油類事先和麵條拌在一起，直接啜飲也非常美味。但建議慢慢加入味噌肉醬拌在一起食用。店裡自製味噌肉醬，切下叉燒肉（豬五花肉）兩端不整齊的部分做成絞肉，以洋蔥、大蒜、生薑、濃味醬油、料理酒、豆瓣醬、韓式辣醬、蠔油等調味製作而成。雖然沒有使用鮮味調味料，味道卻十分強烈且具有衝擊性。正常麵量為180公克，中碗為220公克，大碗為265公克，加麵不用錢。

先將雞油、風味油、橄欖油、醬油調味醬、魚粉、蘋果醋倒入碗裡拌勻。使用橄欖油是為了避免味道過於濃厚，讓客人能夠不嫌油膩地飽餐一頓。

在製麵機裡倒入準高筋麵粉、中筋麵粉和樹薯粉，然後倒入鹼水液攪拌3分鐘。將攪拌葉片及周圍的麵粒刮乾淨，繼續攪拌7分鐘。

粗整作業

將混合均勻的麵團碾壓製成厚度3毫米的粗麵帶。

『ヤマン』的製麵方法與理念

加水率 40%，以 16 號切麵刀切成方形直麵。以製作有彈性、有嚼勁口感的麵條為目標，以準高筋麵粉為主，再添加一些中筋麵粉和樹薯粉拌在一起。通常在早上製作麵條，並於隔天之後使用（最理想的狀態是熟成 2 天）。透過熟成步驟讓麵條更具嚼勁，也更有彈性。所有製麵作業由一人獨自完成，所以目前只有一種方形直麵。無論拉麵、沾麵或乾麵都使用相同麵條。

【材料】
淨水、天然鹼水、蛋黃、精製鹽、準高筋麵粉、中筋麵粉、樹薯粉、手粉澱粉

攪拌作業

在前一天準備好的鹼水液中加入蛋黃、精製鹽攪拌均勻。蛋黃用於打造香氣、味道和顏色。

壓延・切條作業

邊壓延邊進行切條作業。將麵條置於撒了手粉的報紙上，然後從麵條上方再撒一次手粉。麵條於營業時間前的早上處理好，並置於冷藏庫1～2天熟成。以麵條狀態靜置熟成，口感會更有嚼勁且更具彈性。

複合・壓延作業

設定同樣的厚度，進行2次複合作業。接著在進行第一次壓延作業時撒上手粉。

煮麵作業

「醬油拉麵（らはめん）」所使用的麵條，煮麵時間為2分鐘，「沾麵」為2分45秒，「醬油口味乾麵（あぶらは）」則是1分50秒（以上皆為5月時的煮麵時間）。另外，只有「醬油拉麵（らはめん）」所使用的麵條是一次煮4～5人份，讓麵條在煮麵鍋裡充分游動。

熟成作業

用塑膠袋包住麵帶，靜置1小時左右熟成。熟成作業能使水分平均擴散，也可以使麵帶色澤更均勻。

『ラハメン ヤマン』的湯頭

以均衡的美味為目標，將各種食材的鮮味全濃縮在湯頭裡。味道的主軸是雞，另外再輔以豬肉的濃郁香甜味。雞的部分使用1隻全雞、1.5隻的雞絞肉。使用絞肉不僅為了更容易入味，也為了讓雞腳和豬腳的味道更融入麵體裡。使用另外一個鍋子製作日式高湯，由於湯裡沒有動物類食材的油脂和魚香，所以過篩動物基底高湯之前，先將日式高湯和動物基底高湯混合在一起，靜置一晚讓味道更融合。

【湯頭製作流程】

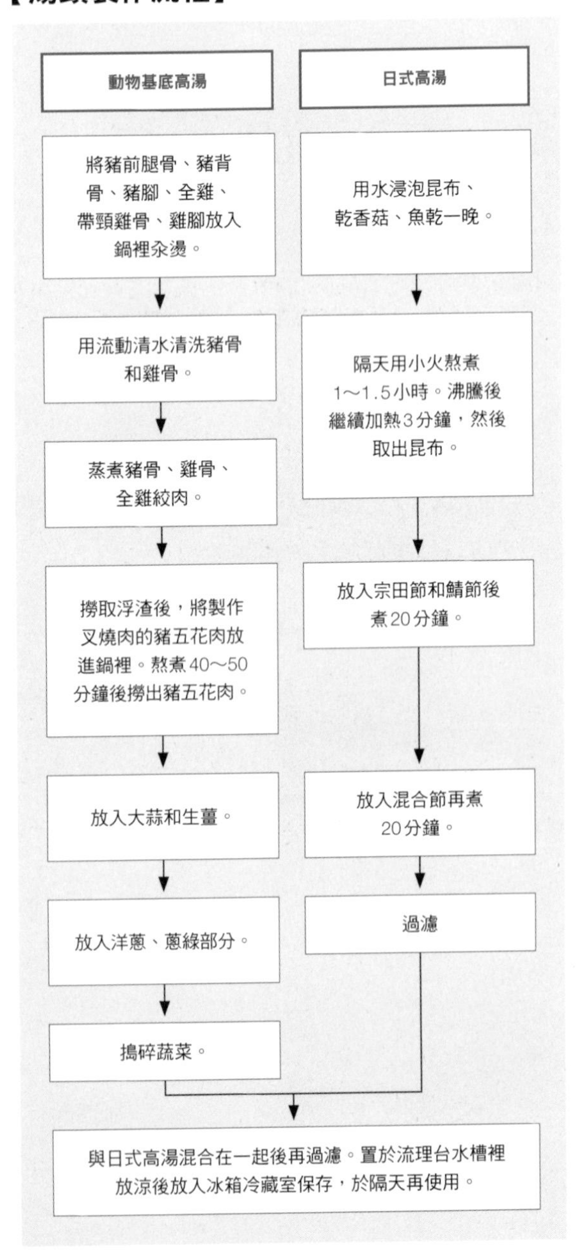

將麵條撈至平面篩網上瀝乾水分。以非常小的水流不斷注入煮麵的大鍋子裡，保持營業時間內都能以清澈的熱水煮麵。

放入宗田節裸節和鯖魚厚切柴魚片，煮20分鐘。

放入混合節，繼續煮20分鐘。

關火後用平面網篩取出食材，再以錐形篩過濾。將過濾後的日式高湯和動物基底高湯混合在一起使用。

日式高湯

【材料】
日高昆布、羅臼耳昆布、乾香菇、日本鯷魚乾、宗田節裸節（厚削）、鯖魚・脂眼鯡魚・白鮭的混合節（薄削）

將日高昆布、羅臼耳昆布、乾香菇、日本鯷魚乾泡水靜置一晚出汁。為了方便提早撈出日高昆布，先用線將日高昆布綁好。

以小火熬煮❶1〜1.5小時。沸騰後繼續煮3分鐘，打開繩索取出日高昆布。

將煮好的豬前腿骨輕輕沖洗乾淨，沖掉附著於骨頭上的浮沫和血塊。用鐵鎚斜向敲斷骨頭好讓骨髓容易流出來。

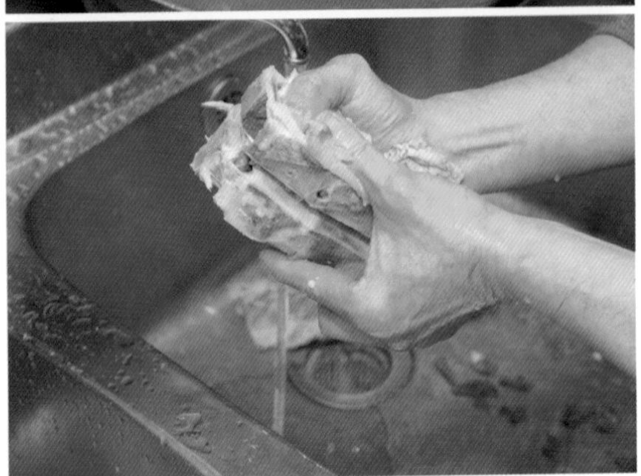

豬背骨也用清水洗乾淨，以手指將附著於肌肉上的脂肪剔除乾淨。另外，用手將豬背骨折成一半以加速出味。豬腳也是輕輕沖洗一下。

▶ 動物基底高湯

【材料】

豬前腿骨（只用大腿骨部分）、豬背骨、豬腳、全雞、帶頸雞骨、雞腳、全雞絞肉、叉燒肉用豬五花肉、大蒜、生薑、洋蔥、蔥綠部分

將豬前腿骨、豬背骨、豬腳、全雞、帶頸雞骨、雞腳放入鍋裡汆燙。豬前腿骨確實煮沸後，撈出黑色浮渣。雞腳也要確實煮沸，但全雞和帶頸雞骨稍微汆燙一下就可以撈出來。

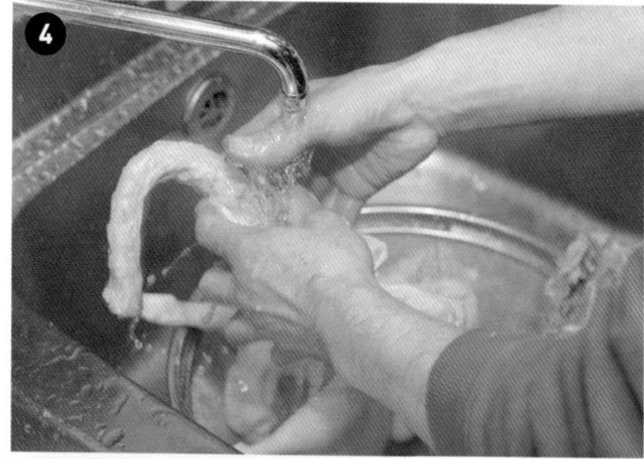
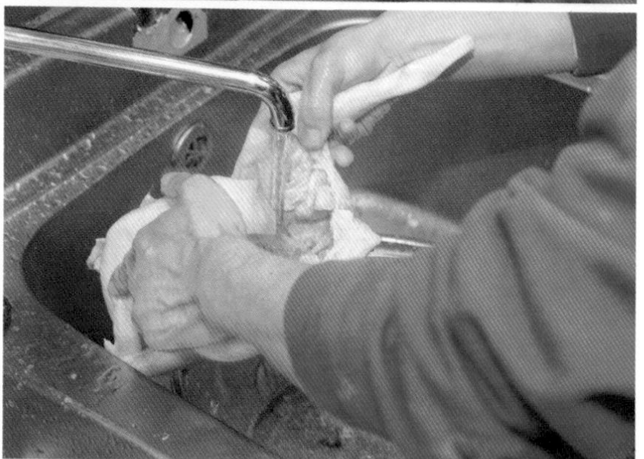
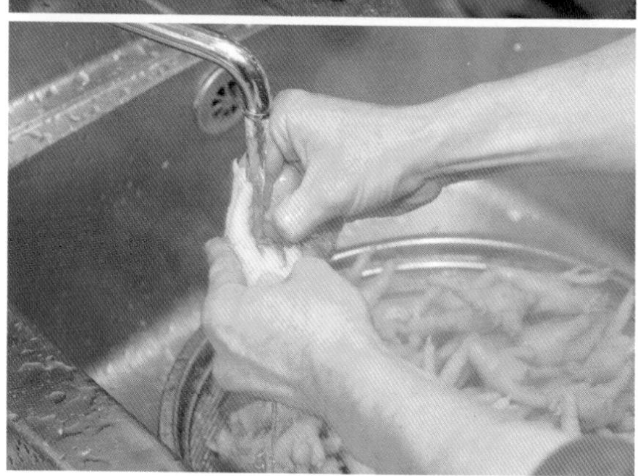

將帶頸雞骨的內臟和雞肝清除乾淨。用流動清水輕輕地沖洗全雞。雞腳部分也要處理乾淨。

將處理好的豬前腿骨、豬背骨、全雞絞肉放入裝好水的湯桶鍋裡。熟得慢的豬腳擺在鍋壁邊，接著放入清洗乾淨的全雞、帶頸雞骨、雞腳。

沸騰前以大火加熱1小時左右。烹煮期間蓋上鍋蓋，快沸騰前再掀開。將浮沫和白色雜質撈除乾淨。

撈除浮渣後轉為小火，放入叉燒肉用的豬五花肉，烹煮40～50分鐘。

▶ 完成湯頭

關火後和另一鍋烹煮的日式高湯混合在一起並過濾。置於流理台水槽裡放涼，涼了後放入冷藏庫裡保存。靜置一晚於隔天使用。

取出叉燒肉後轉為中火，放入大蒜和生薑。大蒜去皮後整顆放進去，生薑則是切片使用。

取出叉燒肉後繼續熬煮1個半小時，接著放入洋蔥和蔥綠後再煮3個小時。差不多經過1個半小時的時候，先將蔬菜類搗碎，讓湯頭更具香氣。

『ラハメン ヤマン』的溏心蛋

【材料】

雞蛋、老滷汁、濃味醬油、味醂、日高昆布

先在雞蛋上挖個小洞。浸泡在42度C的熱水中以避免蛋殼在烹煮過程中裂開。浸泡一下立刻拿出來，在沸騰前的10分鐘左右，共重複5次。

用熱水煮5分20秒。

3 連同篩網置於冷水中放涼，冷卻後再剝殼。

『ラハメン ヤマン』的筍乾

【材料】

乾燥筍乾、沙拉油、白砂糖、精製鹽、烹煮叉燒肉的老滷汁、料理酒、蠔油、營業用湯頭、芝麻油、白胡椒

1 利用3～4天讓乾燥筍乾恢復原狀。每天花30分鐘～1小時煮沸一次。

2 用沙拉油乾炒至水分蒸發，加入白砂糖、精製鹽、烹煮叉燒肉的老滷汁、料理酒、蠔油、營業用湯頭一起炒。

汁液幾乎收乾後，加入芝麻油和白胡椒調味。

放入濾網中瀝乾汁液，靜置一旁放涼。

『ラハメン ヤマン』的五花叉燒肉

【材料】

豬五花肉、老滷汁（濃味醬油、大蒜、生薑）、醃漬醬汁（以水稀釋滷汁成2倍）、營業用滷汁（再稀釋過的滷汁）

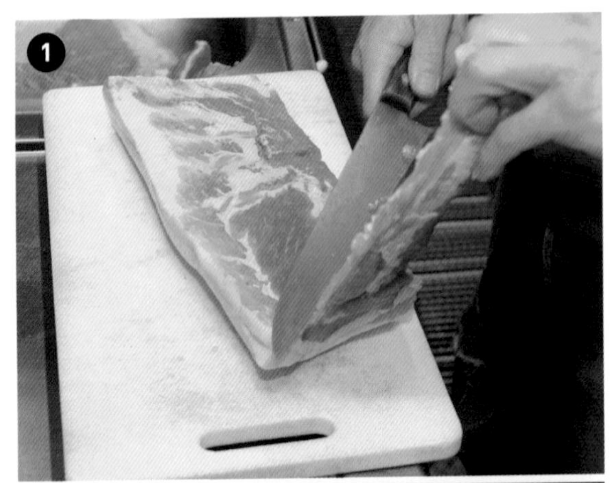

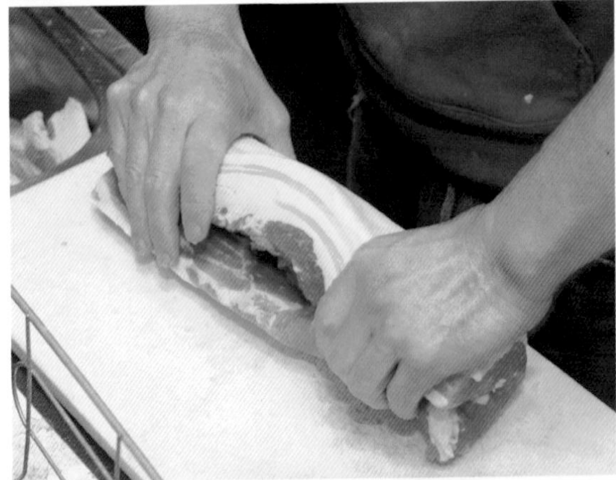

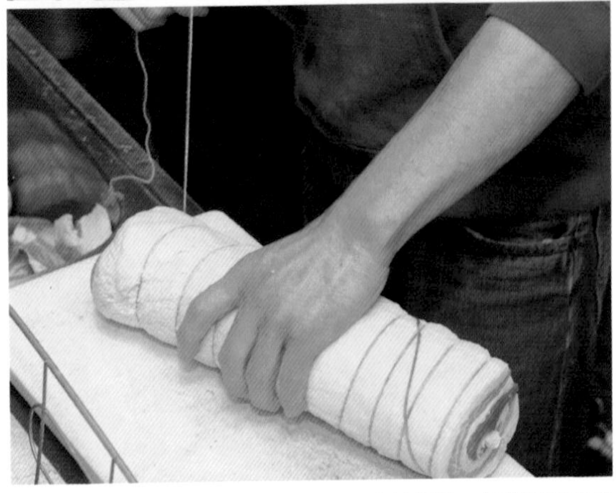

切掉豬五花肉的肋間肉部分、骨頭和多餘脂肪，然後用風箏線綑綁起來。將兩端不整齊的部分切下來作為絞肉，用於沒有湯汁的醬油口味日式拌麵（あぶらは）中。而切掉不要的部分則作為熬煮濃厚湯頭的高湯食材。

在老滷汁裡加入濃味醬油和味醂，加熱5分鐘。加熱過程中將浮渣撈乾淨。

關火後放入一些用剩的日高昆布和剛才處理好的雞蛋。用筷子不斷攪動直到醬汁冷卻，同時也讓醬汁充分滲透至蛋裡。

6 靜置於冷藏庫一晚充分入味。

7 隔天將蛋撈出來，繼續靜置於冷藏庫一天。

將綁好的豬五花肉放入動物基底高湯的深鍋裡，以小火至中火的火候熬煮40～50分鐘。煮沸恐造成豬肉變得太硬，務必隨時留意不要讓高湯沸騰。

在使用老滷汁的「滷汁」（用於製作叉燒肉）中加入濃味醬油和大蒜、生薑，煮沸備用。自湯頭中取出豬五花肉，放入煮沸過的叉燒肉專用滷汁中。以中火烹煮17分鐘。

關火並靜置30分鐘左右，利用鍋內餘熱讓滷汁味道更加滲透至叉燒肉中。

用水將滷汁稀釋成2倍，製作醃漬醬汁，然後煮沸備用。關火後將滷汁裡的肉移至醃漬醬汁中，醃漬一晚後於隔天取出。將取出的叉燒肉再放入冷藏庫一晚入味，於隔天或後天使用。

用水將醃漬醬汁稀釋成1.7倍，作為「營業用醃漬醬汁」，同樣煮沸備用。取當天要使用的分量（整塊）醃漬在「營業用醃漬醬汁」裡，於客人點餐時再取出切片。

東京
戶越銀座

戸越
らーめんえにし

地東京都品川区平塚2－18－8 2F 席14席
時平日11:00～15:00、18:00～22:00 週六・日・國定假日11:00～21:00 休無

沾麵【900日圓】

使用和「拉麵」一樣的湯頭和醬汁，再搭配店裡自製的七味、Citrus yuko果汁（一種日本柑橘）以增加辣味和酸味。店裡使用的麵條是以100%日本產小麥「太麵」的全麥麵粉混合日清製粉小麥「北翠」的全麥麵粉製作而成，使用16號切麵刀切成寬粗麵。店裡自製的七味則是使用青辣椒、紅辣椒、白芝麻、黑芝麻、柚子、青海苔、胡椒等材料製作而成。

拉麵的麵條為細麵（照片右），沾麵的麵條為粗麵。製作麵條所使用的小麥麵粉和加水量都不一樣，但共通點是同為日本產小麥。

綜合拉麵【800日圓】

以豬大腿肉和豬五花肉製作2種叉燒肉。湯頭則以雞架骨、豬背骨、叉燒豬五花肉、蔬菜、日式高湯熬煮而成。另外，店裡提供醬油和鹽味兩種口味，下圖為醬油口味。麵條為「細麵」。

店裡也供應雞肉鬆飯，將醬油調味醬、砂糖、生薑調味並蒸煮過的肉鬆狀雞絞肉擺在白飯上（一碗）150日圓。蒸煮雞絞肉的滷汁也一併加入湯頭裡。

準備鹼水液

在前置攪拌作業期間，製作鹼水液備用。將鹼水和鹽加入水中，加熱備用。沸騰且鹽和鹼水都溶解後關火，倒入冰塊急速冷卻。加入冰塊時必須計算一下加水率。夏季加水率為31%，冬季則稍微高一些。

攪拌・澆淋鹼水液

將鹼水液倒入麵粉中。若將鹼水液直接倒入攪拌機中間，麵粉容易沾黏於圓輥上，所以盡量倒在圓輥與攪拌機壁面之間。

攪拌9分鐘左右。將攪拌機調整為高速運轉。

『戸越らーめんえにし』的製麵方法與理念

隨著2017年精進店裡的湯頭，搭配的麵條也跟著改變。拉麵用的「細麵」完全只使用日本產小麥製作，味道完全不輸湯頭，而且口感十分Q彈。以日清製粉的「DP-1」為主，搭配裸麥麵粉以打造獨特風味。拌麵和沾麵所使用的「粗麵」則以日本產小麥麵粉搭配全麥麵粉，打造獨特的Q彈口感。店長角田匡先生表示，無論哪一種麵條，都如同店裡的湯頭不會過於特立獨行，從小孩到老人都能輕鬆接受，每天吃也沒問題。店裡的目標就是打造一碗再正常不過的美味拉麵。

【材料】

細麵的一次製作分量

DP-1（日清製粉）9500公克、裸麥麵粉（熊本製粉）200公克、樹薯粉300公克、水3100公克、鹽100公克、鹼水（蒙古產）90公克

前置攪拌作業

白天營業前開始製作麵條。將小麥麵粉、裸麥麵粉和樹薯粉倒入攪拌機中，進行前置攪拌作業3分鐘。樹薯粉的功用是增加彈牙口感。

▶ 複合作業

進行複合作業將2捲麵帶合併在一起。共進行2次複合作業，第一次作業時將圓輥轉速調整為7。

第一次複合作業後，麵帶表面殘留一些沙沙的顆粒，接著將圓輥轉速調整為6，進行第二次複合作業。為了在營業之前完成製麵作業，所以直接進入壓延和切條作業，不再靜置熟成。

▶ 壓延・切條作業

進行壓延作業，並且以20號切麵刀將麵片切成條狀。將圓輥速設定為5・5。

由於麵粒容易沾黏於圓輥上，所以攪拌過程中通常會暫停一下，使用刮刀等將麵粒刮下來後再繼續攪拌。

攪拌機運轉期間，慢慢地在所有麵粒上澆淋鹼水液，麵粒開始結塊。在所有麵粒上澆淋鹼水液，直到用力捏壓麵粒時能夠成形。仔細確認最終麵團狀態，大概攪拌9分鐘左右即可關機。

▶ 粗整作業

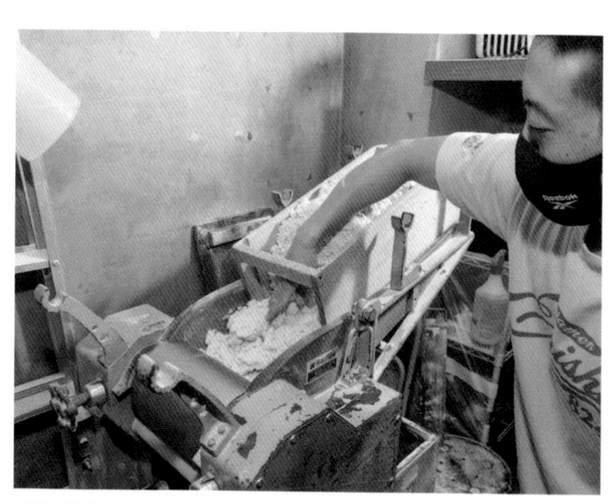

碾壓製成粗麵帶。用手將比較大塊的麵團壓碎後送入圓輥中，以製作厚度均一的麵帶。圓輥轉速分10級，一開始先設定為8。店裡使用的製麵機是品川製麵機。

『戸越らーめんえにし』的湯頭

於2004年搬遷至現在所在位置。店長角田匡先生一直以來都主打無化學調味料湯頭，但隨著品嚐其他各店家的拉麵後，他表示「拉麵其實有各式各樣的形式，但由於長久以來都採用一陳不變的作法，所以試圖想要突破這樣的束縛。」除此之外，考量到為了控制無化學調味料湯頭的穩定性而造成員工莫大負擔，最後決定不再使用無化學調味料。不過，現在仍然堅持使用最新鮮的優質食材，而且更進一步增加食材種類，終於在2017年開發出使用至今的美味湯頭，以打造小孩到老人都喜歡，「適合所有人」的味道為目標。麵條也配合湯頭做了些許改變。變更成現在的湯頭和麵條後，客人變多的同時，消費客層也跟著變廣，花費3年多的時間讓銷售額成長將近1.5倍。

【湯頭製作流程】

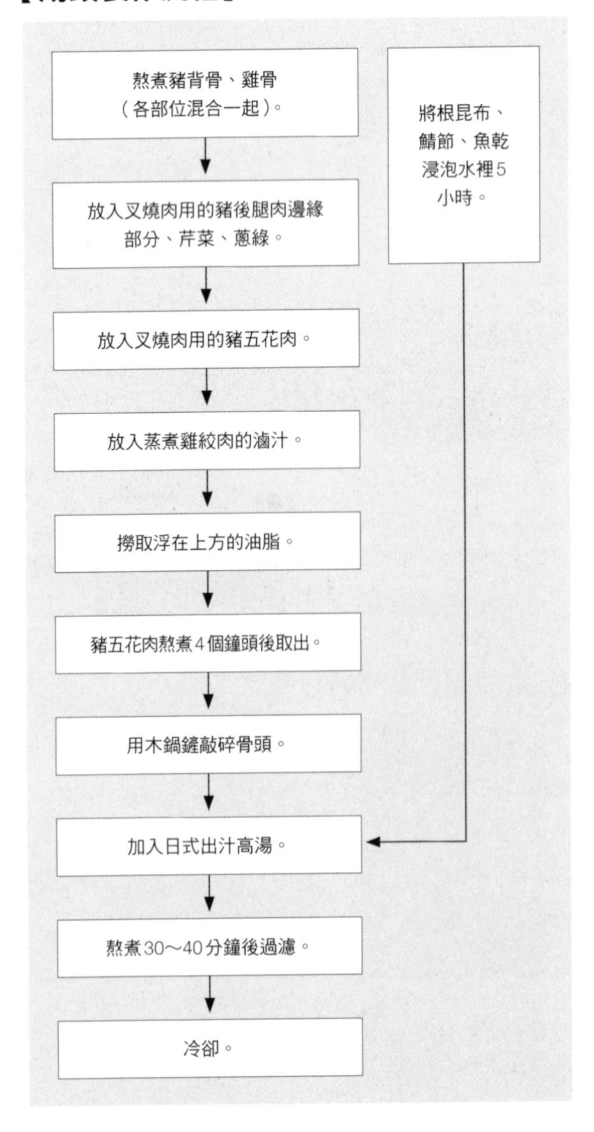

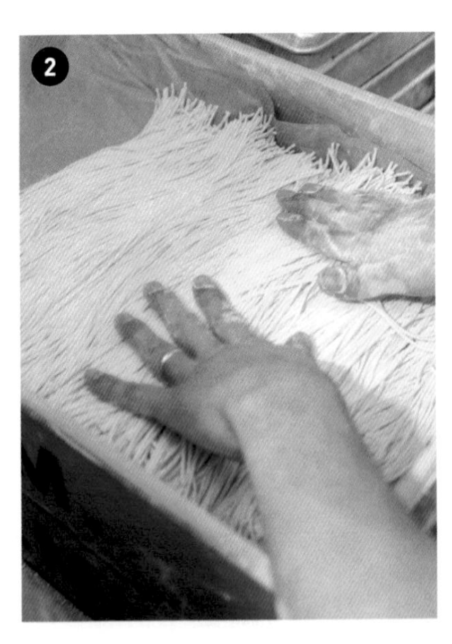

在麵條上撒手粉並直接排列於保存盒中，不再另外盤成一球。

連同保存盒置於冷藏庫一天熟成，於隔天營業時使用。

拉麵所使用的「細麵」，一人份140公克，於客人點餐時再秤量。煮麵時間為1分30秒。

沾麵和拌麵所使用的「粗麵」。製作過程和「細麵」一樣，以日清製粉的日本產小麥麵粉「北翠」為主，搭配全麥麵粉混合在一起。以16號切麵刀將麵片切成條狀。煮麵時間，沾麵為4分鐘，拌麵為3分鐘。

【材料】

豬背骨、雞骨（各部位混合一起）、根昆布、鯖魚厚切柴魚片、日式鯷魚乾、脂眼鯡魚乾、小遠東擬沙丁魚乾、竹筴魚乾、叉燒肉用的豬後腿肉邊緣部分、青蔥、芹菜、叉燒肉用的豬五花肉、熬煮雞絞肉的滷汁

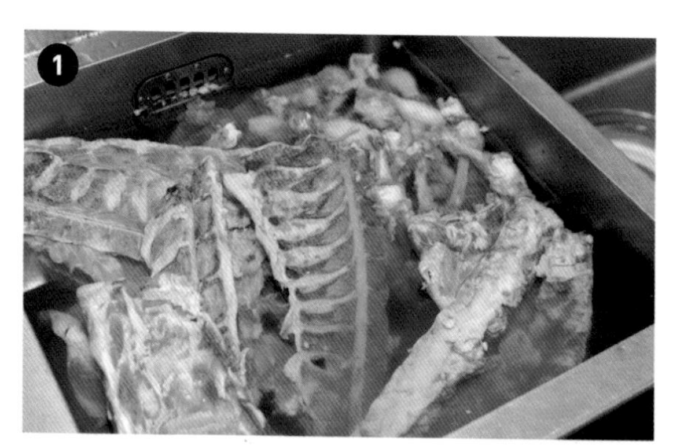

前一天先將冷凍豬背骨、雞骨浸泡水中備用。為了去除血水，也為了預防夏季時食材腐壞，一大早就先浸泡於水裡。

將豬背骨、雞骨放入深鍋裡，蓋上鍋蓋以大火熬煮。撈除表面的浮渣。比起使用某特定部位的雞骨，以各部位混合一起的雞骨熬湯，湯頭味道會更加豐富且強烈。由於各部位混合一起的雞骨富含不同於雞腳的膠質，因此不再另外放入雞腳一起熬煮。

沸騰後放入豬後腿肉邊緣部分、芹菜和蔥綠。過去也曾經添加生薑，但生薑香味和魚貝類不搭，目前不再使用，反倒是放入充滿撲鼻香氣的芹菜。

偶爾攪拌一下讓香氣散發出來。放入芹菜後再熬煮1小時左右，接著放入叉燒用的豬五花肉（用線事先綁好），並且將火力調大一點。

取另外一只鍋子煮雞絞肉，將煮完後的滷汁倒入湯頭中。過濾後的雞絞肉以醬油調味醬調味，做成「雞肉鬆飯」（150日圓）（請參閱P19）。

煮沸後將火力調小，撈取浮在上層的清澈油脂，取這些油脂作為風味油使用。

取出熬煮4個鐘頭的豬五花肉，稍微放涼後浸漬於調味醬中。

取出豬五花肉之後，再次將火力調大。偶爾攪拌一下，但熬煮過程中不加水。另外，熬煮時用木鍋鏟敲碎骨頭。

敲碎骨頭後，加入日式出汁高湯。將根昆布、鯖節、魚乾浸泡5小時製作日式出汁高湯。比起單用一種魚乾，一次使用日式鯷魚乾、脂眼鯡魚乾、小遠東擬沙丁魚乾、竹筴魚乾四種魚乾，容易因為魚乾的生產季節與產地不同而更加充滿濃郁且持久的香氣。

邊攪拌邊熬煮30～40分鐘。

沸騰後過濾。

將過濾後的湯頭連同鍋子置於蓄水的流理台水槽中冷卻，然後置於冷藏庫裡保存，於隔天營業時使用。

豬五花肉叉燒肉

叉燒肉也是吸引客人上門的重點之一。豬五花肉的進貨量大約是一天的營業用量。為了讓客人享用美味的油脂部位，刻意使用豬五花肉製作叉燒肉。將豬五花肉放入熬煮湯頭的深鍋裡煮4個小時，取出後浸泡在調味醬中。店裡使用的是長期肥育養殖的乳清豬。

【材料】

豬五花肉（義大利產乳清豬）、調味醬（日本片上醬油、魚醬、貝類出汁高湯、醬油、味醂、日本酒）

將豬五花肉放入熬煮湯頭的深鍋裡煮4個小時，取出後靜置放涼。叉燒肉是店裡的招牌菜，照片中的分量是一天的營業用量。

將放涼後的豬五花肉浸泡在調味醬裡30～40分鐘。取出後晾乾並冷藏。切片後煎一下，擺在拉麵上。醃漬叉燒肉的調味醬以片上醬油為主，另外添加魚醬、鯷魚魚醬、貝類出汁高湯、醬油、味醂、日本酒混拌後靜置2天備用。將醃漬豬肉的調味醬和新調製好的調味醬以1：4的比例混合在一起，作為拉麵用的醬油調味醬使用。

將豬後腿肉醃漬在米糠醃漬醬裡一晚。主要使用宮城縣產的「ひとめぼれ」米糠，再搭配醬油調味醬、鹽、醬油粕、酒粕攪拌均勻製作成米糠醃漬醬。將豬肉醃漬在米糠醃漬醬裡，不僅能去除腥味，也能使肉質變得更加軟嫩。

吊爐叉燒肉

利用吊爐方式製作豬後腿肉的叉燒肉，以突顯豬肉的美味。為了讓肉質更加柔軟，事先將豬後腿肉醃漬在米糠醃漬醬裡一晚，並且以櫻花木片燻烤，讓豬後腿肉充滿濃濃香氣。有時也會使用腰臀肉部位。

【材料】

豬後腿肉（日本產）、米糠醃漬醬、櫻花木片

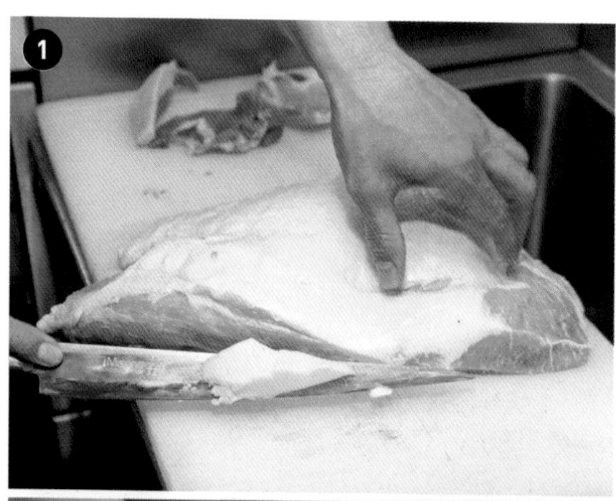

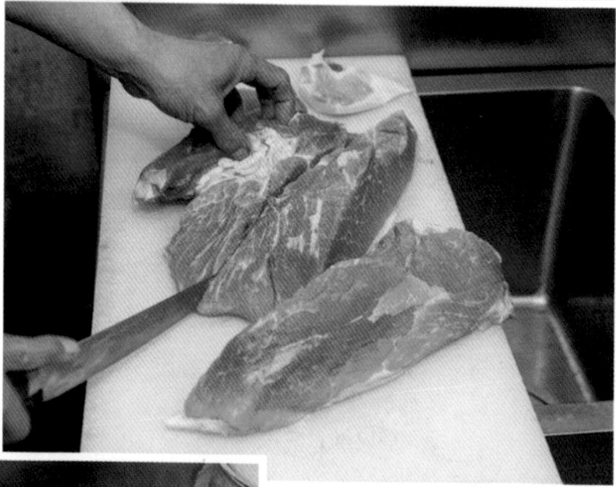

使用豬後腿肉或偶爾使用豬腰臀肉。先切掉筋和油脂部分，再切出需要的形狀。將切下來的筋和碎片放入熬煮湯頭的鍋裡。

以吊掛方式燻烤，使用櫻花木片燻烤90分鐘左右。冷卻後置於冷藏庫裡保存，於隔天營業時使用，並且於客人點餐後切片擺在拉麵上。

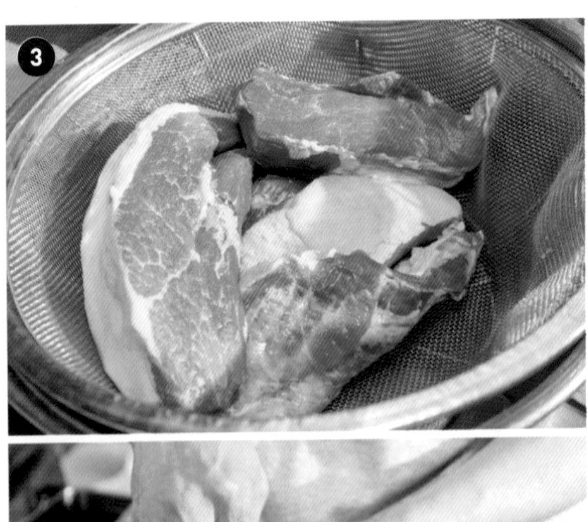

從米糠醃漬醬取出豬肉，洗乾淨後以鉤子吊掛起來。

東京
惠比寿

人類みな麺類 東京本店

地東京都渋谷区恵比寿西2-103 席20坪·34席 時11時～20時（週六·日·國定假日10時～20時） 休無 ¥1250日圓

拉麵原點【1000日圓】

滑順的吸啜感和彈牙的麵條口感令人驚艷。麵條的特色是好比烏龍麵般彈牙有嚼勁，吸啜時還有撲鼻的小麥香氣。充滿鰹魚香氣的湯頭是種令人懷念且回味無窮的美味。入口即化的特大片叉燒肉，鮮味讓湯頭更具深度且濃郁。長蔥和醬油湯頭的搭配，不僅味道完美均衡，清脆口感更具畫龍點睛的效果。

充滿鰹魚風味的雞油搭配專用醬油調味醬調製成美味湯頭。調味醬使用濃味醬油、鹽分濃度高的醬油和叉燒肉滷汁混合調製而成。

拉麵micro【1000日圓】

這是一碗充滿各種味道，極具衝擊性的醬油拉麵，包含焦香醬油的苦味，以及白葡萄酒的酸味。「原點」和「macro」是店裡最受歡迎的兩種品項，但「micro」具獨特個性的風味與存在感，特別受到拉麵狂熱粉絲的好評。極具特色的味道讓人一吃就上癮，每一口都讓人有深陷其中的感覺。叉燒肉的軟嫩口感，完全不輸能量滿滿的鮮美湯頭。

湯頭裡添加雞油和專用醬油調味醬。調味醬以充滿焦香的濃味醬油和充滿水果酸味的白葡萄酒調製而成。不使用出汁食材。

拉麵macro【1000日圓】

在東京本店，「macro」和「原點」同為店裡最受歡迎的品項，而在大阪分店，「macro」則是榮獲店裡最受顧客青睞的第一名，遙遙領先其他兩種品項。享用一般鹽味拉麵的同時還可以品嚐貝類的鮮甜美味。雖然湯頭略為清淡，但鮮甜貝類發揮作用的緣故，意外地使湯頭增添一股濃郁感。切得較為粗大的筍乾，由於事先長時間浸泡於優質軟水裡，脆韌的咬感非常棒。

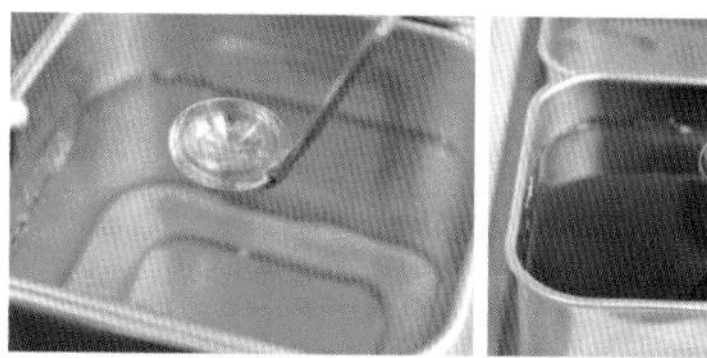

湯頭裡添加雞油和專用醬油調味醬。調味醬以淡味醬油搭配蛤蜊、蜆仔等貝類調製而成，強調濃郁的高湯美味。

準備鹼水液

以粗鹽、粉末鹼水、淨活水製作鹼水液備用。

攪拌作業

將70%的鹼水液倒入製麵機，攪拌2分鐘左右。

倒入剩下的鹼水液，繼續攪拌5分鐘。

『人類みな麺類 東京本店』的製麵方法與理念

麵體為加水率41.5%，使用12號切麵刀（圓刀）切條的中細直麵。主要材料為烏龍麵麵粉，搭配增加香氣的全麥麵粉，以及少量增加滑順感的乾燥蛋白粉混合在一起。雖然使用製麵機，但不進行粗整和複合作業，改用雙腳重壓於麵團上，打造宛如烏龍麵般具有嚼勁且彈牙的口感。正常麵量為150公克，大碗為230公克左右。煮麵時間依麵體狀態、當天氣候而異，原則上為2分40秒～2分50秒。

【材料】
烏龍麵麵粉（麵匠）、全麥麵粉、乾燥蛋白粉、粗鹽、粉末鹼水、淨活水（NORTH WATER）、手粉（玉米澱粉）

前置攪拌作業

將烏龍麵麵粉、全麥麵粉、乾燥蛋白粉倒入製麵機中，攪拌5分鐘。

▶ 腳踏重壓

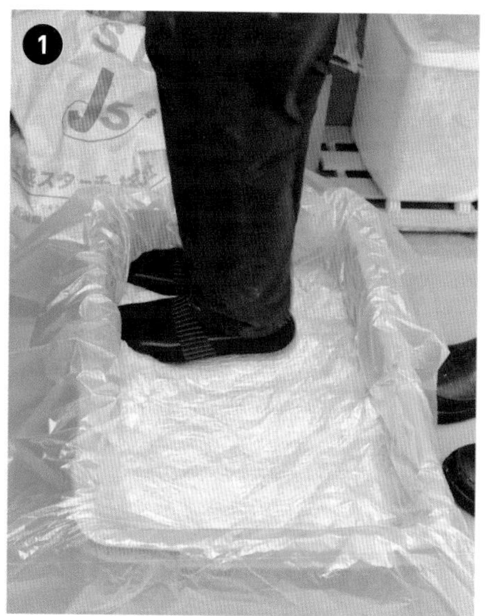

站在塑膠布上，以雙腳用力踩踏熟成後的麵團。

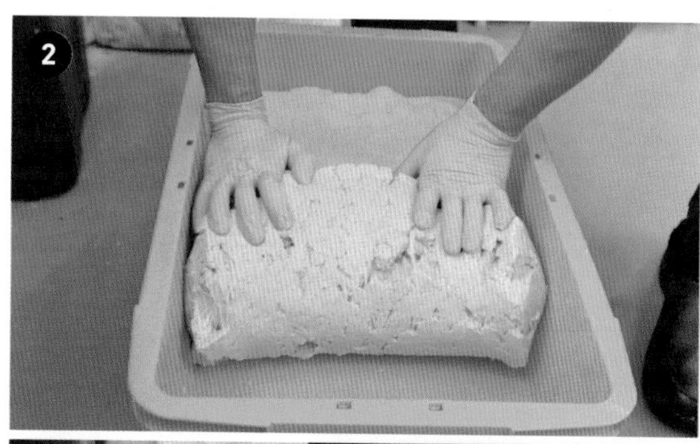

踩踏均勻後折成三折，再次鋪上塑膠布並用雙腳踩踏。重複三次這項作業，結束後靜置30分鐘。

將沾黏於攪拌葉片和製麵機內壁的麵團刮乾淨，繼續攪拌5分鐘。

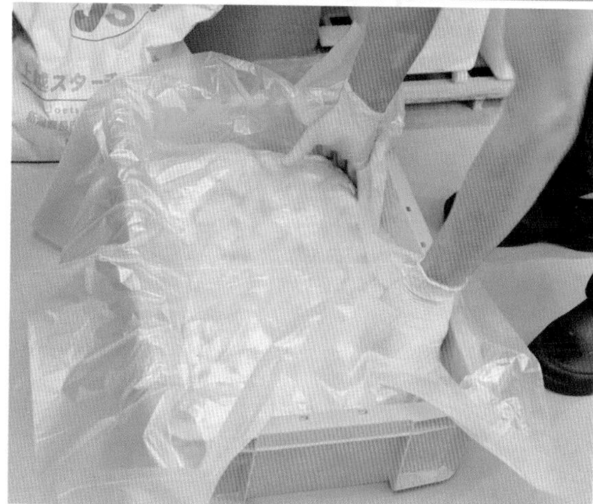

取出呈肉鬆狀的麵團置於保存箱中，蓋上塑膠布後靜置熟成30分鐘。

▶ 壓延・切條作業

1 將麵團分成3等分，逐一壓延成麵片並切條。進行5次壓延作業，最初厚度是9毫米，然後依序為6毫米、4毫米、3毫米、2毫米愈來愈薄。除了第一次壓延外，其他幾次都必須撒上手粉。

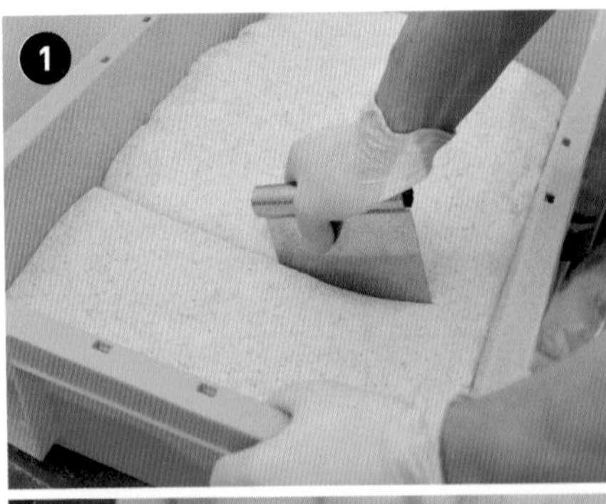

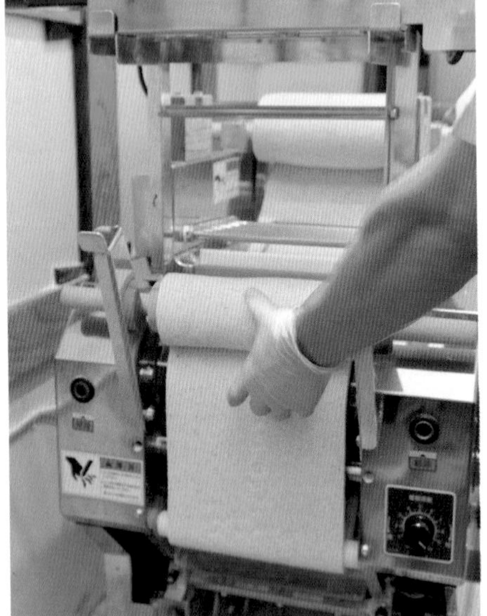

2 進行第六次壓延作業，製作成1.75毫米厚度的麵片，然後切成麵條。

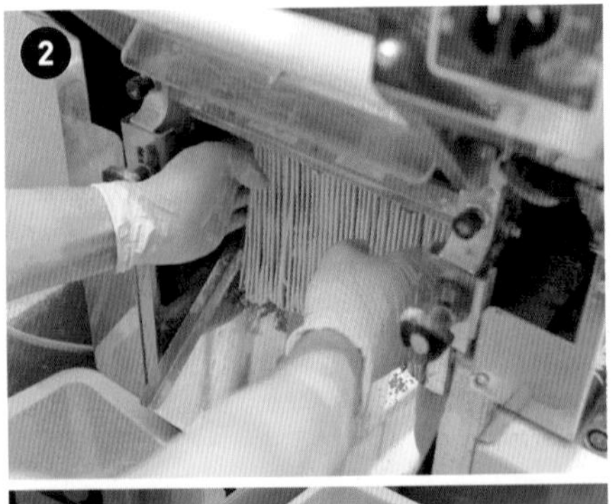

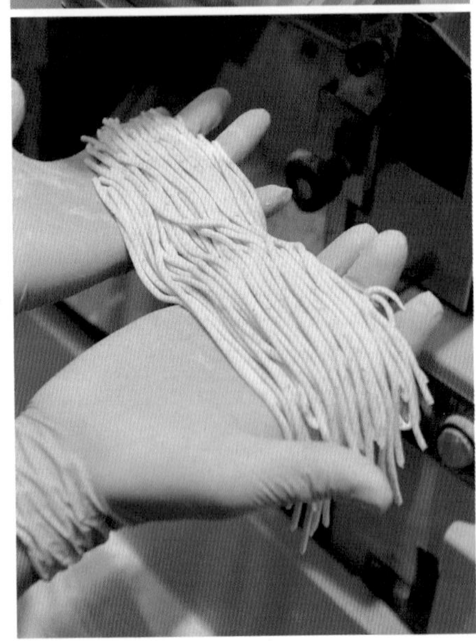

雞骨自然解凍後，用流動清水洗乾淨，在這段期間將深鍋裡的水加熱備用。

深鍋裡的水達60度C後，放入清洗乾淨的雞骨，蓋上鍋蓋並以大火熬煮。

熱水沸騰後拿掉鍋蓋，以水的表面微微波動的火候繼續熬煮2個鐘頭。

『人類みな麵類 東京本店』的湯頭

只使用帶頸雞骨。使用2公斤的雞架骨熬煮200碗分量的湯頭。因為拉麵的主要味道來自於叉燒肉，為了突顯主角叉燒豬肉和調味醬的鮮味，湯頭本身的味道只用於襯托。另外，為了避免妨礙肉味，完全不使用任何出汁食材和調味蔬菜。熬煮雞骨時，重點在於不要從冷水狀態開始熬煮。從冷水狀態開始熬煮，湯頭容易混濁，無法煮出理想的清澈狀態，務必加熱至60度C後再放入雞架骨。而沸騰也是造成湯頭混濁的原因之一，切記絕對不要加熱至沸騰。店裡強調新鮮的美味，所以每天熬煮新的湯頭，當天熬煮的湯頭當天使用完畢。

【材料】

帶頸雞骨、淨活水（NORTH WATER）

【湯頭製作流程】

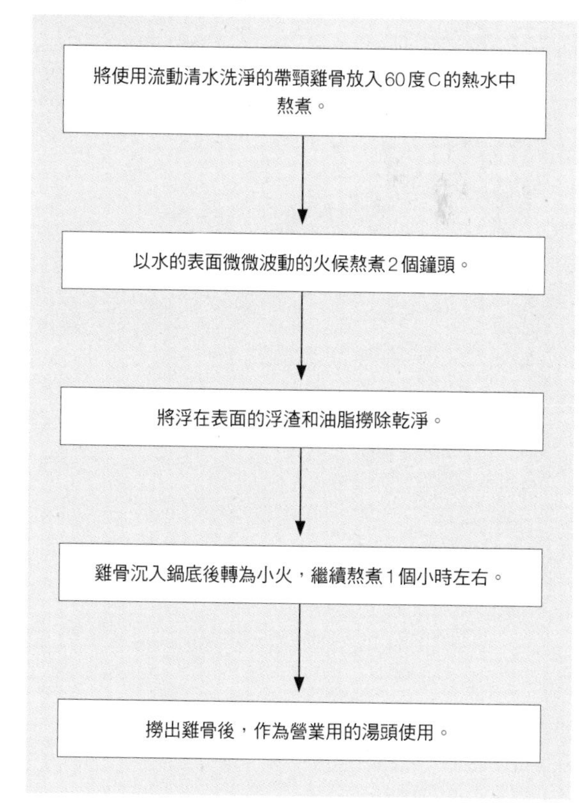

『人類みな麺類 東京本店』的叉燒肉

一人份120公克的超厚叉燒肉儼然成為店裡的註冊商標。雖然叉燒肉又大又厚，但以壓力鍋悶煮85分鐘，口感非常鬆軟且入口即化。營業時間內全程置於蒸鍋裡保溫，隨時都可以讓客人吃到熱騰騰的叉燒肉。肉一旦冷掉，口感會變硬，唯有保溫才能隨時提供軟綿綿的叉燒肉。叉燒肉所使用的部位帶有肥肉，但以壓力鍋熬煮，再透過蒸鍋去除多餘油脂，吃起來完全不會油膩。雖然一塊肉的分量不小，但好吃到兩三下就嗑得一乾二淨。若覺得意猶未盡，還可以追加，一塊200日圓，CP值真的非常高。

【材料】

豬五花肉、生薑、蔥綠部位、3種醬油（2種濃味醬油、再釀造醬油）、味醂、料理酒

事先將豬五花肉切成4等分塊狀，放入裝好水的壓力鍋裡。

熬煮過程中隨時注意火力大小，絕對不要讓湯頭沸騰。並且將浮在表面的浮渣和油脂撈乾淨。

雞骨沉入鍋底後轉為小火，繼續熬煮1個小時左右。撈出雞骨後，直接作為營業用的湯頭使用。

在這段期間，將3種醬油、味醂、料理酒混合在一起，調製滷汁備用。

自壓力鍋取出豬五花肉並放入滷汁中，上面用重物壓住並以大火加熱。沸騰後轉小火，繼續熬煮15分鐘左右。關火後不要立即取出，持續浸泡在滷汁中10分鐘，透過餘熱讓滷汁的味道確實滲透至肉裡。

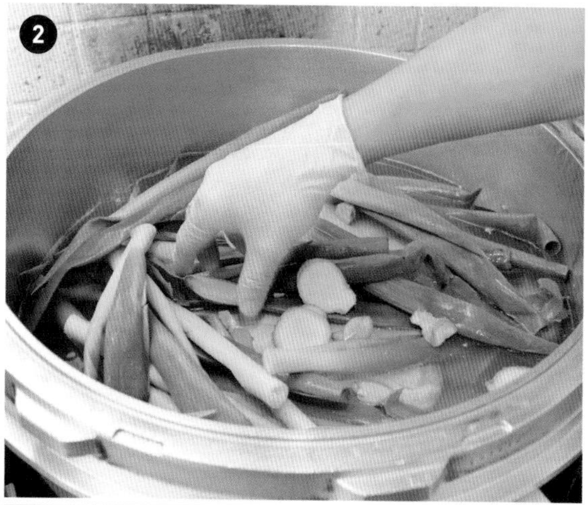

將蔥綠部分和連皮的切片生薑鋪在豬五花肉上面，蓋上鍋蓋以大火熬煮。

沸騰後關閉火源，以鍋內壓力繼續熬煮85分鐘左右。

『人類みな麺類 東京本店』的溏心蛋

以熬煮叉燒肉的滷汁調味溏心蛋，讓整碗拉麵的味道具一致性。浸泡溏心蛋的調味醬是當天熬煮叉燒肉的滷汁，另外加入大蒜調味讓味道有些變化。由於店裡非常重視清澈的視覺效果，醃漬溏心蛋之前，必定會先將滷汁過濾乾淨，去除滷汁裡的油脂和肉屑。將雞蛋放入水裡煮5分50秒，最理想的狀態是用筷子剖開溏心蛋時，蛋黃像溶入湯裡般有入口即化的口感，所以煮蛋時間千萬不要過長。

【材料】
雞蛋、叉燒肉的滷汁、大蒜

1 用濾網將叉燒肉滷汁過濾乾淨，去除油脂和肉屑備用。

2 水煮雞蛋5分50秒，趁熱放入滷汁中浸泡3小時左右。味道確實滲透後，將蛋自滷汁中取出並放入冷藏庫裡保存。

6 從滷汁中取出叉燒肉，放入蒸鍋裡去除多餘的油脂和滷汁。為了避免叉燒肉變冷，營業時間內全程將叉燒肉置於蒸鍋裡保溫，於客人點餐時才取出切塊。

神奈川
伊勢崎
長者町

地球の中華そば

地神奈川県横浜市中区長者町2-5-4 夕陽丘ニュースカイマンション101 時週二～週六11時30分～15時（湯頭材料售完即打烊）、18時～21時（湯頭材料售完即打烊） 休週日、週一
Twitter ： @hoshichu

鹽味拉麵 【900日圓】

在土雞為基底，搭配豬背骨、魚貝、蔬菜熬煮的湯頭裡添加貝類出汁高湯和鹽味調味醬。湯頭裡放入少量乾蝦米，打造有別於魚類味道，具不同層次的美味。叉燒肉上擺一些乾番茄泥，增添些許酸味與濃郁感。為了使整體充滿西式風味，最後再搭配一些綠色的西洋菜點綴。西洋菜不僅全年容易取得，也有助於讓整碗麵的味道更具變化性。

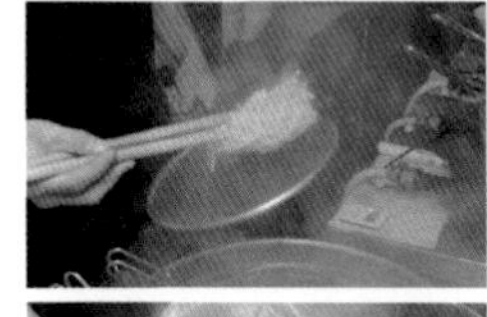
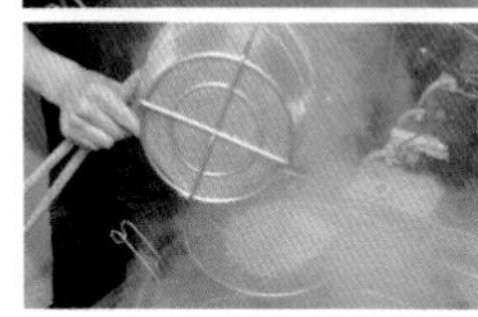

以北海道產小麥麵粉製作麵條，麵體為18號方形切麵刀切條的直麵。麵量部分，正常麵量為150公克，大碗為220公克，煮麵時間設定為1分30秒。由於麵條比較長，以漏勺煮麵恐容易糾結成一團，所以會直接將麵條倒入鍋裡烹煮，再以平面篩網撈起來瀝水。

雞白湯拉麵【900日圓】

在雞架骨熬煮的濃郁雞白湯裡添加雞油，以及鹽味調味醬與醬油調味醬混合一起，鹽度較高的專用調味醬，讓整碗湯頭喝起來更加濃郁且有層次。過去曾經使用牛骨熬湯，但每一次的品質不盡相同且較不穩定，因此目前不再使用。麵體部分和鹽味拉麵一樣，使用容易吞嚥且具有嚼勁的細直麵。以梅花肉帶油脂的部位烹煮叉燒肉，而沒有油脂的部位則以吊烤炙燒方式處理，一次享用2種不同風味的叉燒肉。

湯頭部分使用阿波尾雞的雞架骨和雞腳踝骨部位、豬腳、調味蔬菜、鰹魚本枯節、鯖魚厚切柴魚片等食材熬煮5小時調製而成。雖然本身黏稠度不高，但蓋住鍋蓋使鍋內壓力上升的緣故，湯頭味道相對濃郁。

醬油沾麵【1100日圓】

以清湯搭配醬油調味醬、雞油、味醂醋、蔥花、柚子、青蔥等製作沾麵醬汁，分量感十足。將煮到酒精蒸發的味醂和黑醋混合在一起，製作味醂醋，讓略顯清淡的湯頭也有沾麵專屬的濃郁感。上桌時將麵條浸泡在昆布高湯裡，不僅預防麵條黏在一起，也為了讓麵條吸附昆布高湯的味道。麵體部分，正常麵量為200公克，大碗為300公克。煮麵時間為3分鐘（拉麵則為2分鐘）。

14號切麵刀切成寬麵。使用和拉麵麵條相同的麵粉，但增加全麥麵粉和石臼研磨麵粉的比例。

將本枯節和日高昆布的昆布出汁高湯先倒入碗裡，然後再放入煮好的寬麵。

『地球の中華そば』的製麵方法與理念

店裡主要使用春戀麵粉，全年容易購買，而且味道與口感的契合度非常好。添加全麥麵粉主要為了增加香氣，而添加石臼研磨麵粉除了加深味道，也為了讓湯頭和麵條完美交織融合。最終目標是打造容易吸啜且具有嚼勁的麵條。首要之務是減少鹼水用量，大概是一般製作麵條時的1/3用量。最理想的情況是粗整成粗麵帶時，手感溫度約24度C。請務必特別留意，這時候的溫度若太高，麵條口感會變得過於軟韌，像是咀嚼糯米般。

【材料】

春戀（高筋麵粉）、春戀（全麥麵粉）、春戀（石臼研磨麵粉）、北穗波（中筋麵粉）、粉末鹼水（蒙古天然鹼水）、蒙古岩鹽、π 水、製麵用綠藻萃取液、全蛋

▶ 準備鹼水液

將粉末鹼水、蒙古岩鹽、π 水混合在一起，充分混拌均勻。粉末鹼水溶解後，加入製麵用綠藻萃取液和全蛋拌勻，靜置於冷藏庫一晚。

▶ 前置攪拌作業

取4種秤量好的小麥麵粉倒入製麵機中，進行前置攪拌作業1分鐘。

▶ 第一次攪拌

將鹼水液倒入製麵機中，攪拌6分鐘。6分鐘後，打開蓋子並刮掉沾黏於內壁上的麵團。

第一次複合作業

將粗麵帶分成2捲，進行第一次複合作業。

第二次攪拌

繼續攪拌7分鐘。第二次攪拌過後，確認一下麵團的溫度和水分滲透程度。

粗整作業

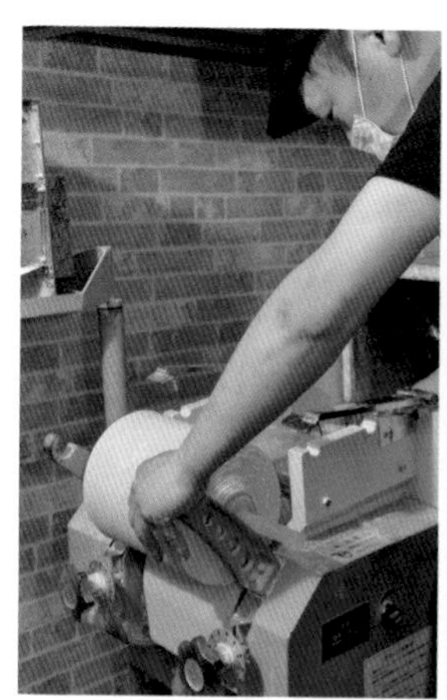

將麵團碾壓製成粗麵帶。

壓延・切條作業

再次壓延至一半厚度，然後撒上手粉，以18號方形切麵刀進行切條作業。切條後直接對半彎折並排列於保存盒中。

熟成作業

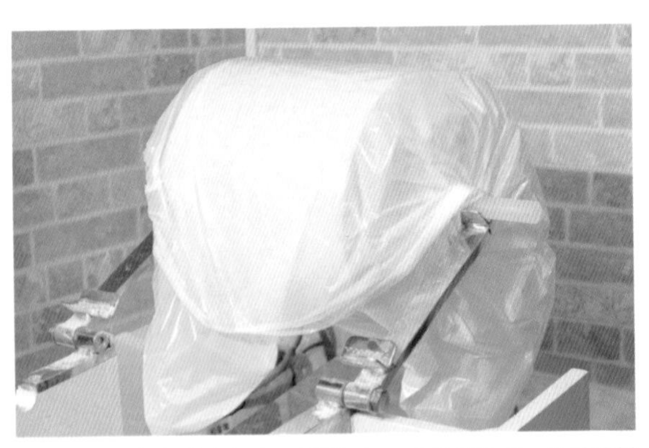

用塑膠袋將粗麵帶套起來，靜置20～40分鐘熟成。冬季的靜置時間稍微長一些，讓水分確實擴散至整條麵帶。

壓延作業

進行壓延作業將粗麵帶壓薄至一半厚度。

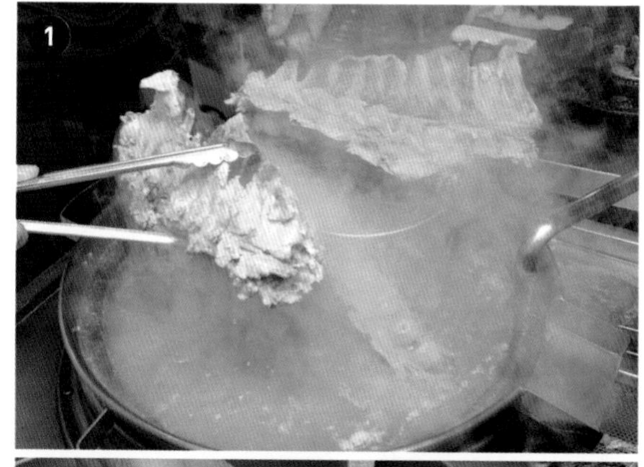
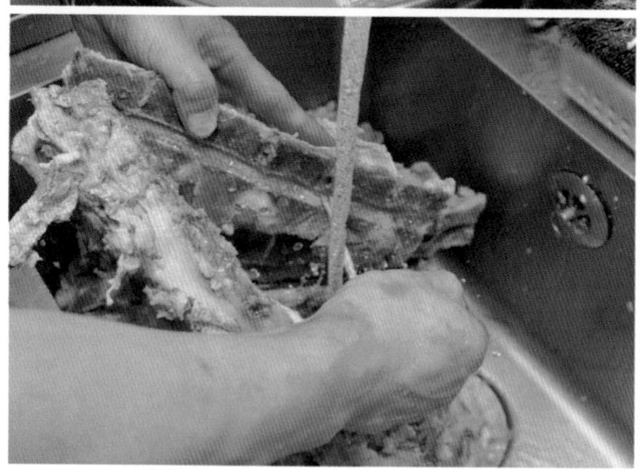

汆燙一下豬背骨，約2分鐘。將汆燙好的豬背骨移至流理台的水槽裡，用熱水清洗並將筋和骨髓清除乾淨。

將豬背骨塞入裝好π水的不鏽鋼製深鍋鍋底，以大火加熱。雞腳踝骨部位不容易產生腥臭味，無須事先處理，從冷凍庫取出後直接放入鍋裡。

『地球の中華そば』的清湯

開店之初使用的是肉雞，但現在全改成土雞。全雞部分使用青森Shamorock雞和名古屋交趾雞2種，由於土雞雞架骨的供應不穩定，所以不特別指定雞種。不同雞種的組合除了能夠有較為穩定的貨源，也為了讓味道更具層次感。為了使湯頭濃郁且更具深度，另外添加豬背骨。如果使用必須長時間熬煮的豬前腿骨，將無法和全雞放在同一個深鍋裡熬煮，因此目前都使用熬煮時間、溫度都和豬前腿骨差不多的豬背骨。

【材料】

π水、日本產豬背骨、雞腳踝骨部位、土雞雞架骨（青森Shamorock雞、名古屋交趾雞、讚岐交趾雞、阿波尾雞中每天搭配使用2種※）、全雞（青森Shamorock雞）、全雞（名古屋交趾雞）、雞油用油脂（阿波尾雞）、調味蔬菜（大蒜、洋蔥、紅蘿蔔、白菜、蔥綠）、魚貝A（日高昆布、乾蝦、鰹魚本枯節、鰹魚荒節）、魚貝B（鮭魚薄切柴魚片、純辣椒粉）

※當天使用的是讚岐交趾雞和阿波尾雞的組合

【清湯製作流程】

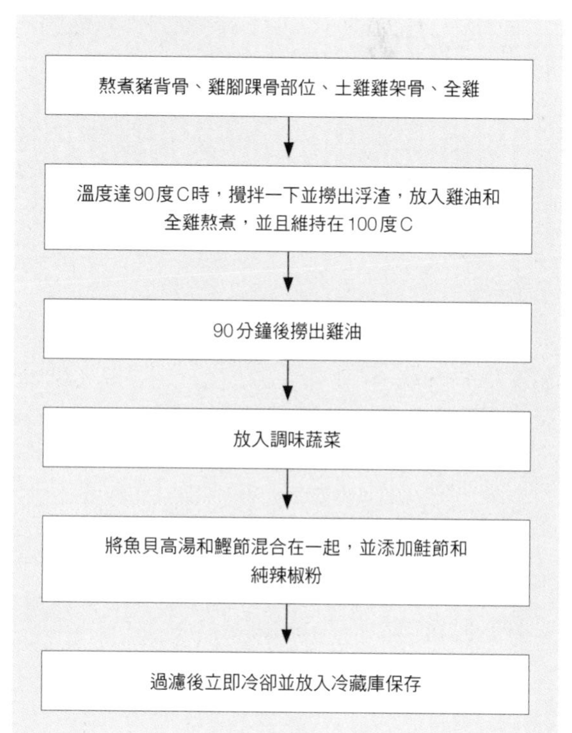

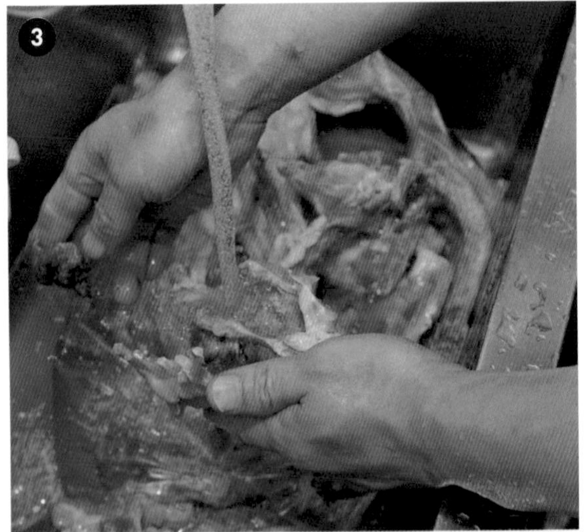

先用熱水清洗土雞雞架骨並摘除內臟。但名古屋交趾雞和青森Shamorock雞都是上等好雞，送來店裡之前都已經事先處理過，所以無須清洗即可直接使用。將土雞雞架骨放入深鍋裡，以大火加熱至90度C。

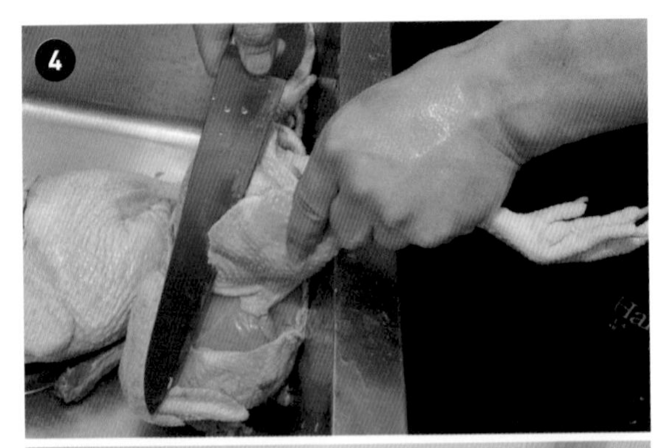

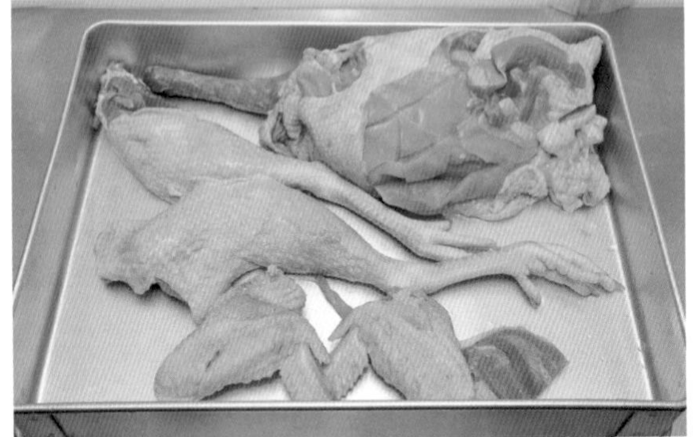

處理全雞。先用菜刀將雞腿和雞翅部分切下來。於雞胸肉表面畫幾刀，讓整塊雞肉的面積變大，加速煮熟速度。

溫度達90度C後，用木鍋鏟穿過上方的豬背骨向下攪拌雞肉部分。攪拌後將浮到表面的浮渣清乾淨。

去除浮渣後轉為小火，放入處理好的全雞和作為雞油用的油脂，維持100度C繼續熬煮90分鐘。

90分鐘後，撈起浮在表面的雞油，接著再以大火繼續熬煮90分鐘。

90分鐘後，放入調味蔬菜。用白菜當鍋蓋，最後再放進去。調整火力不讓整鍋湯沸騰，持續熬煮60分鐘。另外，處理調味蔬菜時，大蒜對半切、洋蔥剝皮後切厚片、紅蘿蔔切成圓形厚片、白菜則是切掉根部後使用。

將食材魚貝A浸泡在水裡4～5小時，然後加熱60分鐘讓溫度達90度C。60分鐘後將魚貝A高湯倒入剛才的湯頭鍋裡，以小滾的程度熬煮40分鐘。

40分鐘後，倒入魚貝B食材繼續煮20分鐘。

關掉火並小心取出所有食材。力道太大或有任何攪拌動作的話，容易導致整鍋湯變混濁，因此動作務必輕柔一點。同時使用2個細網格的篩網過濾湯頭。

以貝類鮮味為基底，充滿高湯風味的調味醬。熬煮蛤蜊、牡蠣、花蛤出汁高湯75分鐘，萃取琥珀酸的鮮味，然後再搭配本枯節、鮭節、日高昆布、調味蔬菜的美味。另外，使用3種不同的鹽巴，一種岩鹽和二種海鹽，再搭配有機白醬油以補強鹽分。看似加了許多鹽，但總鹽分濃度控制在14%以下。基於「味道主軸為調味醬」的原則，透過湯頭以補強略顯不足的香氣和鮮甜美味。

以豬腳、蛤蜊、香菇水的出汁高湯搭配6種醬油製作而成。醬油包含無添加醬油、濃味醬油等6種，再和紅酒一起加熱後使用。

除了味道濃郁的湯頭，再搭配4：1的鹽味調味醬和醬油調味醬。以博多鹽味豚骨拉麵的概念調配調味醬的味道。

為了避免湯頭不易冷卻，也為了避免腐壞，務必將浮在表面的油脂撈乾淨。接著將整個鍋子置於蓄水的流理台水槽裡，並且取冷卻銅管置於湯頭裡，藉由冷水通過銅管讓湯頭確實冷卻。冷卻後靜置於冷藏庫，於隔天再使用。

東京 浜松町 MEN クライ

㊞東京都港区芝1-3-4 山谷ビル1F 席12坪・11席 時11時～14時30分、18時～21時（售完即打烊）※週六・國定假日僅中午時段營業 休週日 ¥1000日圓

醬油餛飩叉燒溏心蛋拉麵【1250日圓】

追求純手工製作與日本產食材的美味。湯頭部分，先以大山DORI雞架骨和日本產岩中豬的邊肉（切下來的剩餘部位）熬煮清湯，然後添加蛤俐和真昆布的鮮味，打造能夠滲透至身體深處的溫醇美味。調味醬部分以有機白醬油為主軸，混合料理用的生抽醬油。生抽醬油不經加熱處理，而是透過湯頭的熱度以提出香氣。店裡使用手打麵以襯托濃郁的湯頭，並且搭配以胡椒調味的豬肉、生薑調味的雞肉2種餛飩，而餛飩皮也是純手工製作。

將日本產岩中豬以吊燒方式做成叉燒肉。並且將炙燒過程中產生的燻油和豬油混拌在一起，製作成醬油拉麵的風味油。

小魚乾拉麵【850日圓】

以大山DORI雞架骨和日本產岩中豬熬煮動物基底高湯，以大量伊吹小魚乾熬煮小魚乾基底高湯，將兩種高湯以1：4的比例混拌在一起。不僅降低小魚乾的鹼味和苦味，還能調配出讓人享用到最後一滴也不會覺得膩的鮮甜美味。在清澈湯頭裡加入雞油和魚乾油製作而成的風味油，增添濃郁感。另外在調味醬部分，以白醬油為基底，添加貝類、昆布、野菜等熬煮的出汁高湯，讓味道更具層次與深度。

每天早上製作手工粗麵條。表面彈牙滑順，內部具有嚼勁，獨一無二的口感深受客人喜愛。

澆淋鹼水液

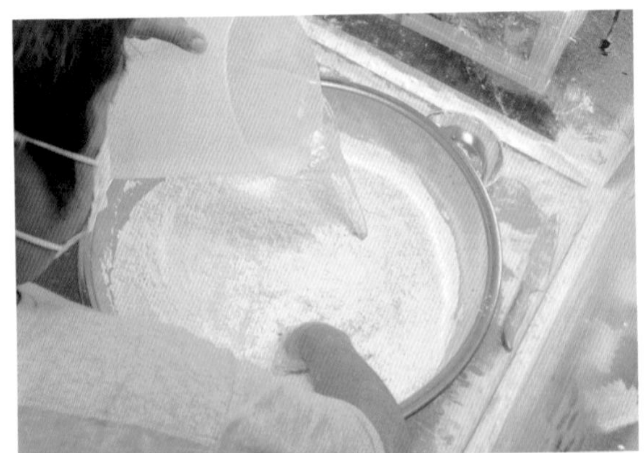

將3種麵粉混拌在一起，加入1/3分量的鹼水液。用力捏掐會導致麵粉結塊，以輕輕握拳的方式持續混拌麵粉就好。邊捏握麵粉邊以繞圈方式澆淋鹼水液，同樣步驟共重複3次。

『MENクライ』的手打麵技術

以糯性小麥麵粉「MOCHIHIME」為主，純手工打造具獨特口感的手打麵。加太多鹼水液會使麵條變得太硬，而為了打造像麻糬一樣的彈牙口感，所以將鹼水液的用量降低至一半的1%。另外，混合增加香氣的「北穗波」，但北穗波是中筋麵粉，用量過多容易導致麵條斷裂，所以比起開店之初，目前店裡稍微增加一些高筋麵粉的用量。糯性小麥麵粉會造成麵條表面的澱粉質溶解，進而使麵條表面變得柔軟滑順。而麵條內部則保留粗食感，充滿十足嚼勁。麵條的厚度和粗度都大約7毫米。麵條若擀得太薄，不僅口感過於柔軟，放入口中可能還會有過於強烈的麵粉味，所以必須具有一定程度的厚度與粗度。加水率48%。一碗拉麵的麵體重量約155～165公克，煮麵時間為5～6分鐘。由於製作麵條時添加了本味醂，所以會有一股淡淡的甘甜味。

【材料】

本味醂、π水、粉末鹼水、精製鹽、糯性小麥麵粉（MOCHIHIME麵粉）、中筋麵粉（北穗波）、高筋麵粉（春戀）、手粉（澱粉）

準備鹼水液

在添加本味醂的π水裡放入精製鹽和粉末鹼水，製作鹼水液備用。

▶ 踩踏

一旦硬到難以揉和時，將麵團裝入稍微具有厚度的塑膠袋中，改使用雙腳踩踏。變成一整塊麵團後，靜置熟成30分鐘。

從兩側往中間折，再次用雙腳踩踏。

▶ 混拌

以繞圈方式倒入鹼水液後，接著像是握碎麵粉般均勻攪拌。在揉和麵粉的過程中會逐漸形成麩質，最後變硬到難以再用手揉和。

▶ 擀麵・切麵

在熟成1天的麵團上撒手粉，然後切成6等分。逐一擀麵並切成條狀。

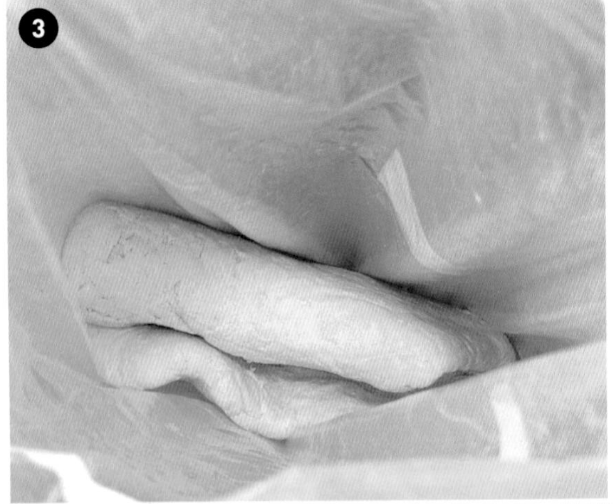

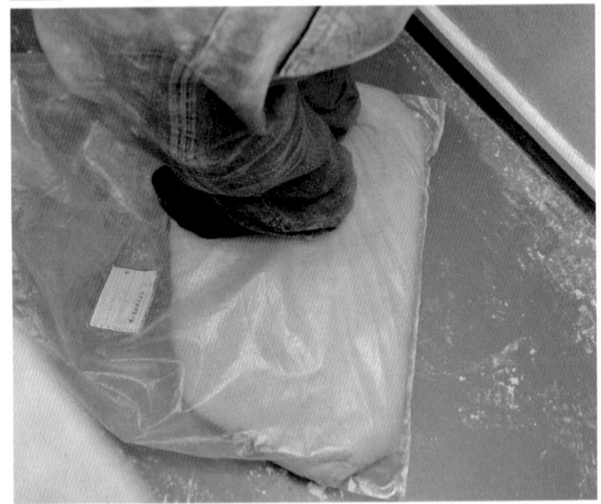

以不同於先前的方向，再從麵團的另外兩側往中間折，踩踏至看不見折痕為止。

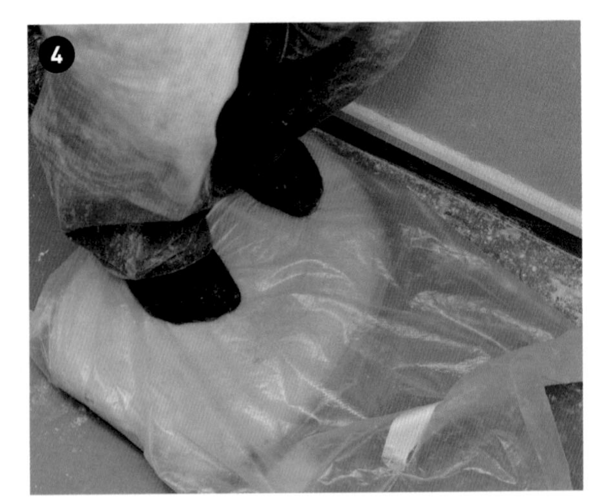

重複2遍「往中間折→踩踏→改變方向往中間折→踩踏」的作業，完成後將麵團放入塑膠袋裡靜置熟成1天。

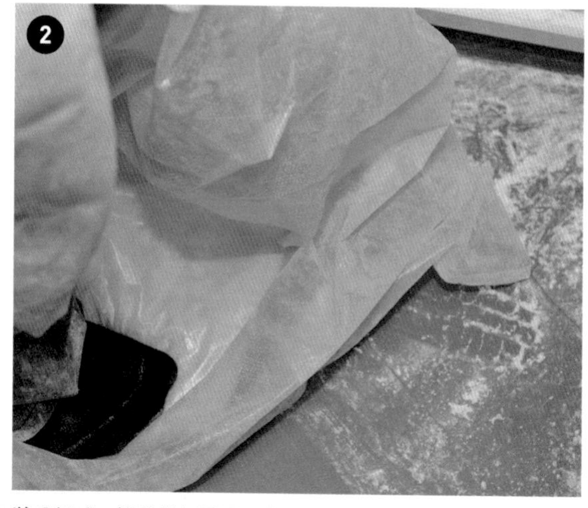

將分切成6等分的麵團逐一撒上手粉，裝入塑膠袋後用雙腳踩踏麵團。

接著使用擀麵棍將麵團擀成厚度均一的四方形。

擀麵過程中將麵片折成長條狀，然後再次慢慢擀成四方形。以7毫米厚度為目標，若擀得太薄，烹煮時容易造成麵條斷裂。

『MENクライ』的湯頭

為了突顯主角麵條的味道而打造滲透力十足的溫醇美味湯頭。將動物基底高湯和蛤俐高湯以6：4的比例調製成「醬油拉麵」湯頭。因為使用了岩中豬和真昆布等食材，即便是清湯，味道卻十分有深度。而「小魚乾拉麵」所使用的湯頭則是動物基底高湯搭配魚乾基底高湯。若單用魚乾，味道會過於濃嗆且不夠具有深度，但動物基底高湯若過於濃郁，又會蓋過魚乾鮮味，因此以4倍的水稀釋動物基底高湯，然後再與魚乾基底高湯混合在一起。過濾小魚乾高湯時，使用網格稍微大一些的篩網。讓魚乾表面也能吸附湯汁，使味道更加強烈。

【動物基底高湯製作流程】

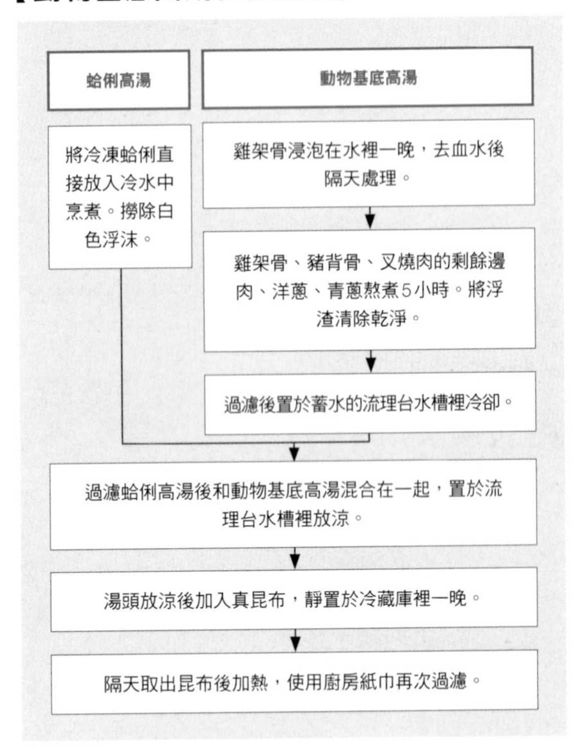

【小魚乾高湯製作流程】

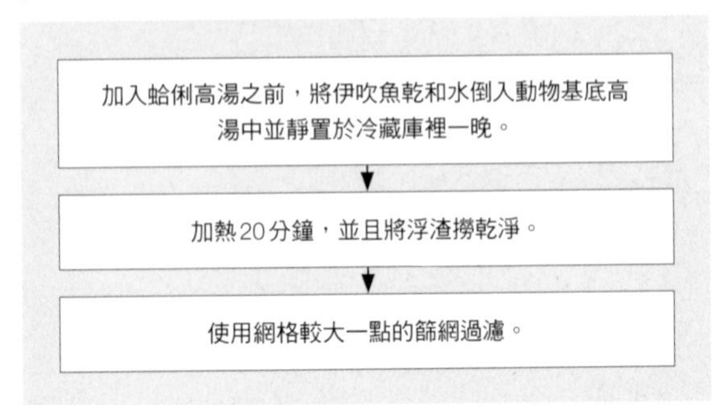

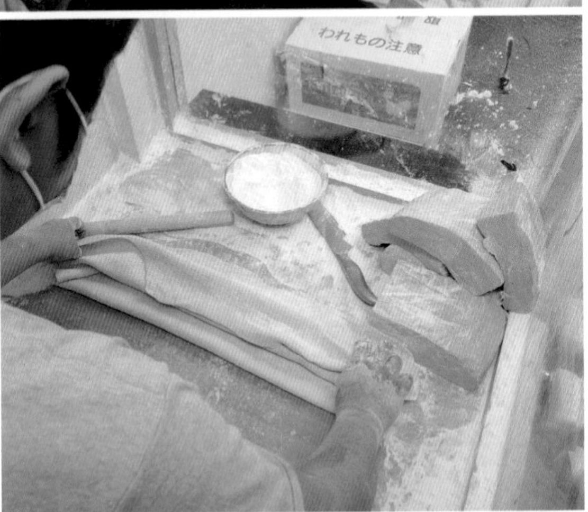

將麵片折成長條狀，用切麵刀切成條狀。粗細約7毫米。切好的麵條於當天使用。

▶ 動物基底高湯

【材料】

大山DORI雞的雞架骨、豬背骨、叉燒肉的剩餘邊肉（岩中豬）、洋蔥、青蔥、π 水、冷凍蛤俐、真昆布

❶ 將雞架骨浸泡於水裡一晚，去血水備用。內臟也是湯頭味道的一部分，處理時不需要過度清洗。

將處理好的雞架骨、豬背骨、叉燒肉剩餘邊肉、洋蔥、青蔥、π 水放入深鍋裡，以大火加熱。沸騰後轉為超小火繼續熬煮5個小時。熬煮過程中隨時將浮渣撈乾淨。

將熬煮5個小時的湯過濾後，連同鍋子放進蓄好水的流理台水槽裡冷卻。

高湯冷卻後放入真昆布，待真昆布軟了之後靜置於冷藏庫裡一晚。隔天早上取出真昆布後再次加熱，並且使用廚房紙巾過濾。

將蛤俐和水放入另外一個深鍋裡，以大火加熱。沸騰後將浮渣撈乾淨並關火。

過濾蛤俐高湯，並且和動物基底高湯混合在一起。充分攪拌後置於流理台水槽裡冷卻。

以大火加熱，沸騰後轉為小火繼續熬煮20分鐘。熬煮過程中將浮渣撈乾淨。

使用網格較大的篩網過濾湯頭，湯頭於當天使用。客人點餐後再以小鍋取適當分量加熱。熬煮後的魚乾渣可用於製作風味油。

▶ 魚乾基底高湯

【材料】

動物基底高湯（尚未加入蛤俐高湯）、伊吹魚乾、π水

在製作動物基底高湯的步驟❸階段，事先取出製作魚乾高湯用的分量。

將動物基底高湯、伊吹魚乾、π水放入深鍋裡，靜置於冷藏庫裡一晚。

趁熱和另外萃取的雞油混合在一起。魚乾油和雞油的比例為1：2。營業時間內隔水加熱後使用。

吊燒叉燒肉

【材料】

豬後腿肉（岩中豬）、醃漬調味醬（淡味醬油、白醬油、味醂）

將豬後腿肉切成塊狀，浸泡在醃漬調味醬裡一晚備用。

風味油

【材料】

熬煮高湯的魚乾渣、白絞油、雞油

將熬煮魚乾高湯剩下來的魚乾渣和白絞油一起倒入平底鍋裡。特別注意，熬煮時間過長容易出現苦味。

過濾掉魚乾，萃取魚乾油。

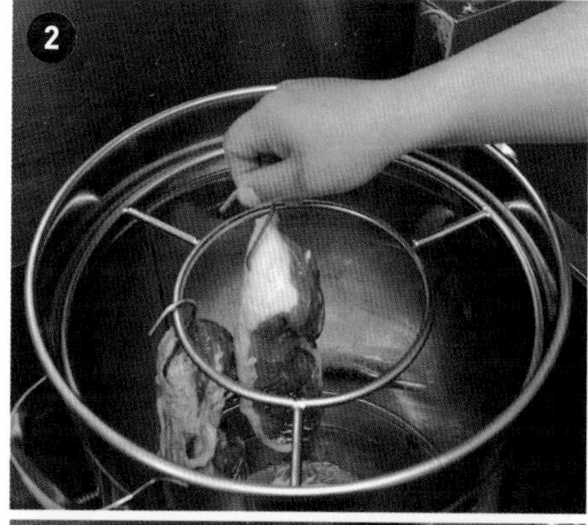

煙燻鍋的下方比較容易受熱，所以吊掛豬肉時，比較小的部分朝上。

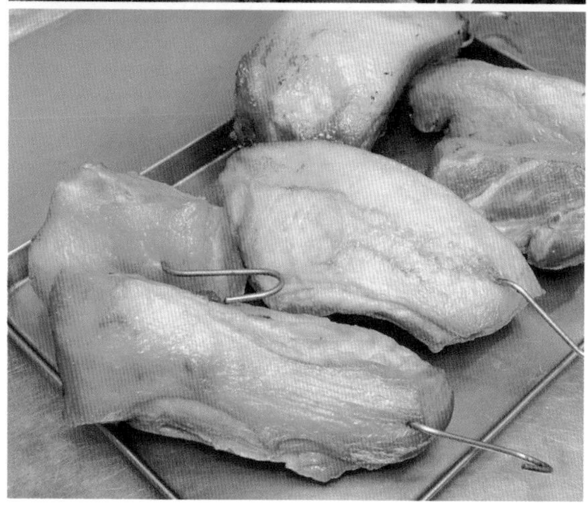

以小火悶燒4小時後取出。火候若太小，可能難以上色，所以差不多1個鐘頭的時候，稍微視情況調整一下火力。營業時間內，全程將叉燒肉切片後置於飯鍋裡保溫。

東京
代々木

麵恋処
いそじ

地東京都渋谷区代々木1-14-5
席10坪不到／8席 時週一～週五11時30分～20時30分 週六11時30分～19時（有可能變動，請事先確認） 休週日、國定假日
¥1000日圓

中華拉麵【780日圓】

中華拉麵所使用的湯頭為動物基底高湯混合魚貝基底高湯，以豬前腿骨、豬背骨、雞架骨、雞腳等食材熬煮動物基底高湯；以日本鯷魚乾和宗田節熬煮魚貝基底高湯。利用壓力鍋以萃取豬和雞的鮮甜美味，打造充滿濃郁色香味的高湯。麵條部分為口感彈牙且滑順的粗麵條，使用1：1的日本產麵粉和國外麵粉，另外搭配樹薯粉和粗粒小麥粉調製而成。麵量可增加至中碗的315公克，所以大部分客人都直接選擇中碗。

「中華拉麵」所使用的湯頭是將動物基底高湯和魚貝基底高湯以5：3的比例混合在一起。動物類食材的濃厚鮮甜味，搭配魚乾和柴魚的濃郁香氣。

味噌沾麵【900日圓】

「味噌沾麵」所使用的沾醬是將數種味噌加上各種調味料調製而成的味噌調味醬，以及甜醋、油、純辣椒粉、魚粉等混合攪拌在一起。
味噌沾麵所使用的油不同於中華拉麵，並非在熬煮湯頭的初期就撈起來，而是取用加熱營業用湯頭時浮在表面的清澈油脂。由於持續加熱熬煮，因此動物基底高湯充滿濃郁香氣，而且味道更濃更強烈。配料方面和中華拉麵一樣，除了叉燒肉之外，還有筍乾、魚板和海苔。

沾麵和中華拉麵的麵條以相同材料製作，但使用不同切麵刀切條。中華拉麵麵條使用14號切麵刀，沾麵麵條則使用12號切麵刀。中華拉麵麵條需要水煮4分鐘，沾麵麵條則是6.5分鐘。

攪拌・添加鹼水液

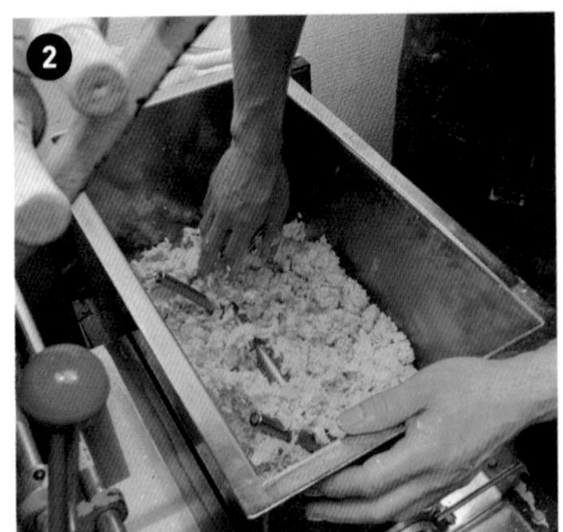

將小麥麵粉倒入攪拌機之前，先將麵粉、鹼水液倒在一個大盆子裡面，用雙手充分拌和麵粉和鹼水液。拌勻後再倒入攪拌機會比一開始分別倒入攪拌機中來得均勻。接著倒入增加軟Q感的樹薯粉，以及增強彈牙口感的粗粒小麥粉。

將添加鹼水液的小麥麵粉倒入攪拌機中。一次攪拌3分鐘，共進行2次。第一次攪拌後，稍微用手將結塊的麵團壓細碎，接著立刻進行第二次攪拌。使用品川麵機公司的製麵機，加快攪拌速度。

『麵恋処 いそじ』的製麵方法與理念

主要使用各一種的國內和國外生產的準高筋麵粉。店長外岡直先生表示「只使用單一種小麥麵粉無法做出令人滿足的味道。」為了打造口感彈牙又軟Q的麵條，特別添加樹薯粉增強軟Q感，並且添加少量粗粒小麥粉以增加彈牙口感。另外，為了加強嚼勁，不立刻使用剛製作好的手打麵，而是靜置半天至一晚後才使用。

【材料】

一次製作分量（※每天不盡相同，此為取材當天的情況）

準高筋麵粉：50%日本產小麥麵粉和50%國外小麥麵粉（共7公斤）、少量樹薯粉、少量粗粒小麥粉、水（淨水器水）2800毫升、蛋白、蒙古王鹼水（約佔水的2%）、天日鹽「千年之鹽」（約佔小麥麵粉的1%）

準備鹼水液

將鹼水、鹽倒入水中製作鹼水液。以前製作鹼水液時並沒有加鹽，然而加鹽後的味道比較好，因此目前製作鹼水液時會另外添加食鹽。

複合作業

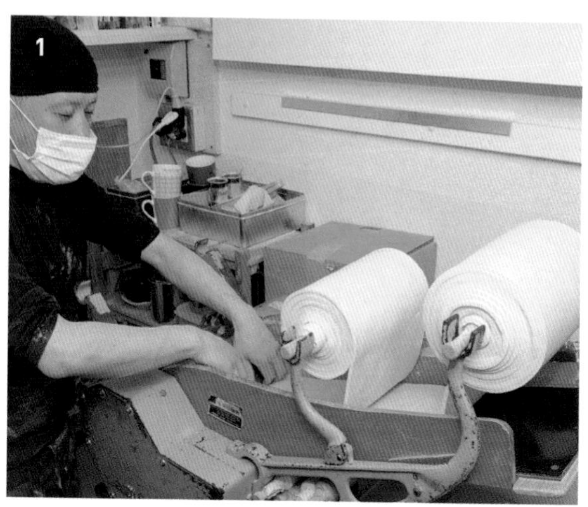

完成粗麵帶後，立即進行複合作業，共進行2次。圓輥轉速和粗整作業時相同。將厚度設定為1公分。

撒上手粉並進行複合作業。進行2次複合作業是為了確保麵片的厚度均一，也為了讓麵片兩面都能均勻撒上手粉。製作中華拉麵麵條時，將厚度設定為1.4毫米，沾麵則是設定為4.2毫米。基本上，切條作業之前不另外進行熟成作業。

粗整作業

完成攪拌作業後立即碾壓製成粗麵帶。調整馬達速度，讓粗整作業的轉速略慢於攪拌。為了讓肉鬆狀的麵團容易輸送至圓輥中，盡量先將麵團平鋪。這時特別留意不要讓空氣跑進圓輥與麵帶之間，否則麵帶容易凹凸不平，也會變得比較薄。

製作完成後立即套上塑膠袋以避免粗麵帶變乾燥。

煮麵作業

將麵條放進大型漏勺裡，拉麵麵條的煮麵時間為4分鐘，沾麵麵條的煮麵時間為6分30秒。煮麵時間不因季節而改變。店裡使用的漏勺是特別訂製的尺寸，裝得下各種麵量。中華拉麵和沾麵所使用的麵量相同，正常麵量為210公克，中碗為315公克，大碗為420公克，但必須額外支付100日圓。

切條作業

以2人為一組進行切條作業，其中一人負責在麵片上撒手粉。由於切出來的麵條厚度和長度不盡相同，煮麵之前必須先稱重。中華拉麵和沾麵的麵條使用相同材料製作，但切條時因使用不同號數的切麵刀，所以麵條厚度不一樣。中華拉麵麵條使用14號切麵刀，沾麵麵條則使用12號切麵刀。圓輥的轉速同粗整作業、複合作業。切好的麵條依當天或隔天使用分別處理，針對當天要使用的麵條，蓋上蓋子並置於室溫下保存，而明天要使用的麵條則裝進塑膠袋裡並置於冷藏庫保存。熟成後再使用是為了讓麵條更具嚼勁。

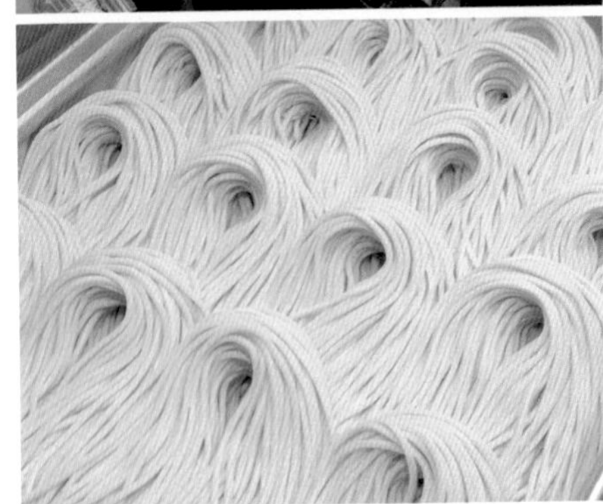

魚貝基底高湯

魚貝基底高湯主要食材為日本鯷魚乾，從冷水開始熬煮。沸騰後加入宗田鰹節，繼續熬煮1個小時。完成後取出魚乾，用於熬煮第二次動物基底高湯。最後將魚貝基底高湯和前一天煮好的動物基底高湯混合在一起。

【材料】
日本鯷魚乾、宗田鰹節、水

動物基底高湯

動物基底高湯主要食材為牛骨、豬前腿骨、蛋雞雞架骨。以前也曾經放入背脂一起熬煮，但味道上無特別差異，因此近幾年來不再使用。另外，使用業務用壓力鍋，以200度C高溫熬煮2個小時左右。壓力鍋既能縮短烹煮時間，全年也都能以同樣溫度熬煮食材。

【材料】
牛骨、豬前腿骨、豬背骨、蛋雞雞架骨、肉雞雞架骨、搗碎的雞腳、豬腳、水

『麺恋処 いそじ』的湯頭

將動物基底高湯和魚貝基底高湯以5：3的比例混合在一起。取2個深鍋將湯頭輪流倒過來倒過去，讓2鍋湯頭的味道能夠均勻融合。最後再將湯頭倒入裝有營業用湯頭的鍋子裡，保持營業用湯頭隨時呈滿鍋狀態，並且持續加熱以維持溫熱狀態。這樣的湯頭不僅顏色濃郁，味道也更加強烈。

【湯頭製作流程】

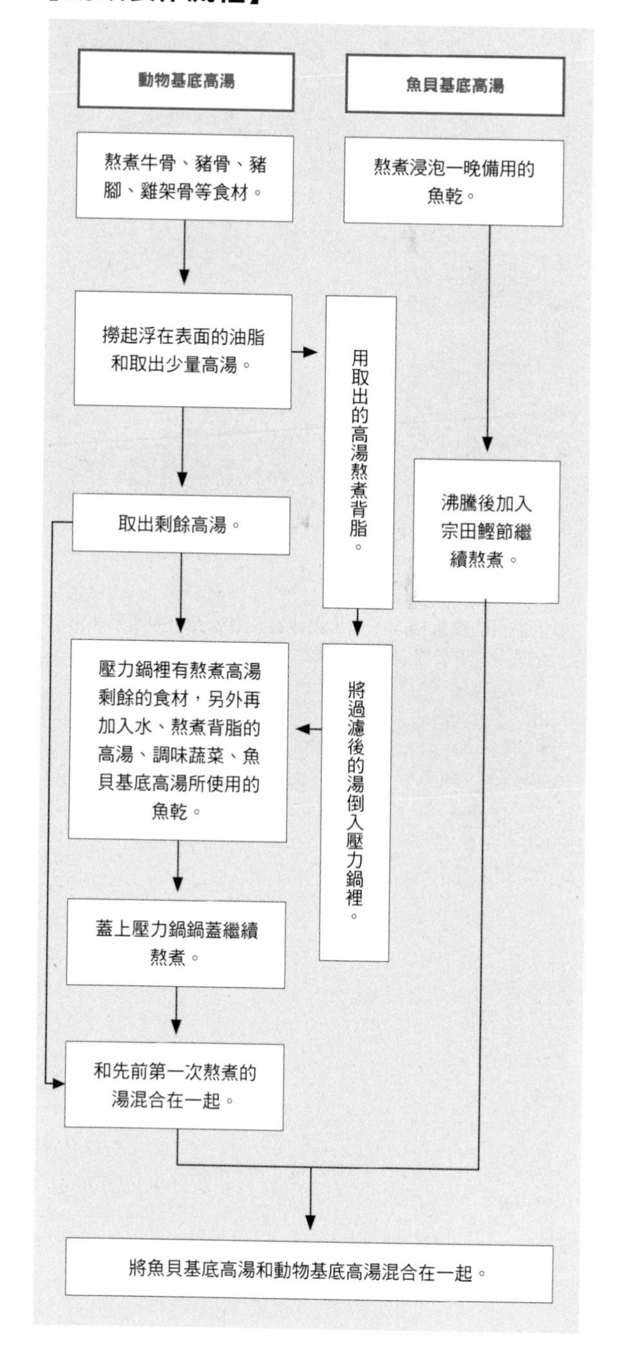

在壓力鍋裡倒入30公升的水，以大火煮沸。放入材料後熬煮30～40分鐘，沸騰後撈出浮渣。留意撈取浮渣時不要順勢撈出過多油脂。撈完後改以中火熬煮5～10分鐘，讓油脂浮上表面。

撈起浮在表面的油脂，於過濾後作為中華拉麵的風味油使用。由於壓力鍋能大幅縮短熬煮時間，店裡從前年開始改用壓力鍋。過去必須花費約莫12個小時熬湯，而現在已經大幅縮短許多。使用壓力鍋熬湯，不僅能骨髓容易釋放至湯裡，還能全年以相同溫度熬煮，提供最穩定的湯頭給客人。更重要的是湯頭的美味幾乎和過去一模一樣。

蓋上壓力鍋的鍋蓋，以大火加壓烹煮。只需要短短30分鐘，鍋內溫度便能達到200度C。當溫度達200度C，開始冒出蒸氣，繼續熬煮45～50分鐘。

撈取油脂時，順便取少量湯頭放入小鍋中。用小鍋裡的湯熬煮背脂。背脂用於冬季限定拉麵「いそじろう（磯次郎）」。加熱1小時後取出背脂，在剩下的湯裡添加熱水，再次使用壓力鍋熬煮第二次湯頭。

使用壓力鍋加熱45～50分鐘後關火，透過壓力鍋下方的出水口將鍋內的湯盛裝至另外一只深鍋裡。壓力鍋內所有湯頭都抽取至深鍋後，轉動排氣閥以洩掉鍋內殘留壓力。完成第一次湯頭。

保留壓力鍋內熬煮第一次湯頭的食材，另外放入36公升的水、熬煮背脂的湯、蔥、洋蔥、生薑、大蒜等調味蔬菜，以及熬煮魚貝基底高湯的魚乾，再次以大火加熱並加壓30分鐘左右。接著繼續熬煮45～50分鐘，像第一次湯頭一樣，從出水口將鍋內湯頭抽取出來，這樣就完成第二次湯頭了。調味蔬菜味道比較重，所以添加少量即可。

將第一次湯頭和第二次湯頭均勻混合在一起。左側為第一次湯頭，右側為第二次湯頭，用小鍋舀起兩個深鍋裡的湯頭互相交換，直到兩鍋湯頭的顏色一致。

上午營業前製作好的二鍋湯頭靜置於室溫下，待下午都冷卻後放入冷藏庫保存。靜置一晚讓味道更穩定。

將前一天熬煮的動物基底高湯和魚貝基底高湯混合在一起。

混合一起後，同樣使用兩個深鍋輪流倒過來倒過去，直到兩鍋湯頭味道一致。魚貝基底高湯和動物基底高湯的比例為3：5。將這鍋湯頭置於當天會使用完畢的湯頭深鍋旁邊，隨時補充並持續加熱以保持營業時間內都處於溫熱狀態。

中華拉麵的盛裝方式

煮麵的過程中將醬油調味醬、風味油、湯頭、胡椒、魚粉、蔥、洋蔥放入碗裡。接著放入煮好的麵，並用筷子輕輕撥動幾下，最後擺上配料。

醬油調味醬

一般醬油和濃味醬油各一半，另外加入日本酒、味醂、宗田節、大蒜、烤鹽、白雙糖，加熱至沸騰後放入昆布再煮5分鐘左右。冷卻並過濾後就完成了。

味噌沾麵的醬汁製作

在盛裝味噌沾麵的醬汁容器中，放入味噌調味醬、糖醋、風味油、湯頭、胡椒、純辣椒粉、魚粉、蔥、洋蔥。味噌醬汁由數種味噌和調味料製作而成。

風味油

和沾麵醬汁搭配使用的風味油，取自持續加熱中的湯頭。為了突顯沾麵的濃厚味道，使用持續加熱以增強動物類食材香氣的湯頭所產生的油。另一方面，中華拉麵所使用的風味油，則是剛開始熬煮湯頭時撈出來的油。

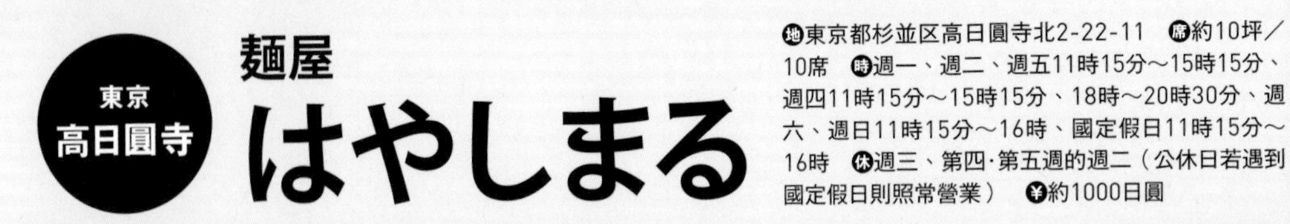

東京
高日圓寺

麵屋 はやしまる

地東京都杉並区高日圓寺北2-22-11 席約10坪／10席 時週一、週二、週五11時15分～15時15分、週四11時15分～15時15分、18時～20時30分、週六、週日11時15分～16時、國定假日11時15分～16時 休週三、第四·第五週的週二（公休日若遇到國定假日則照常營業） ¥約1000日圓

綜合餛飩拉麵（醬油）【1030日圓】

綜合餛飩拉麵的湯頭由動物基底高湯和魚貝基底高湯混合而成，充滿濃郁的食材味且海陸搭配得天衣無縫。動物基底高湯由雞架骨、豬骨、豬前腿骨、豬五花肉熬煮而成。魚貝基底高湯由昆布、乾香菇、鰹節、魚乾熬煮而成。製作麵條的麵粉則是混合二種準高筋麵粉。而深受客人喜愛的餛飩，雖然皮薄卻極具有咬勁，口感出乎意料之外地滑順。另外，以荷蘭產豬油酥炸青蔥製作風味油，再搭配叉燒肉、餛飩、筍乾、青蔥、海苔等配料。

綜合餛飩拉麵受歡迎的程度僅次於餛飩沾麵。然而餡料一經冷凍就失去原有的多汁美味，所以堅持當天製作當天使用。

沾麵（醬油）【820日圓】

沾麵和拉麵湯頭所使用的食材多半相同，但基本上分開烹煮。同樣以雞為主軸，但沾麵湯頭中的魚貝基底高湯比例高於拉麵湯頭。兩者所使用的麵條同樣是加水率40%，具彈牙、有嚼勁的口感。以用於沾麵也同樣美味順口的概念來製作麵條。最後再搭配切成短條狀的豬梅花和豬五花叉燒肉、筍乾、青蔥、海苔等配料。

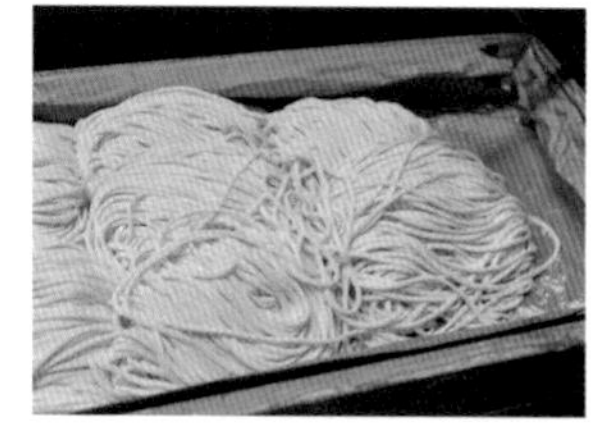

沾麵的麵條需水煮4分鐘左右。不使用計時器，而是利用身體計時器，依麵條游動方式、觸感來判斷。

▶ 攪拌作業

秤量好麵粉後倒入大盆子裡，另外加入增加嚼勁的乾燥蛋白粉。接著倒入鹼水液攪拌均勻。倒入攪拌池前先在大盆子裡攪拌，主要是為了避免麵粉沾黏在製麵機上。

『はやしまる』的製麵方法與理念

使用近似中筋麵粉的冰月和準高筋麵粉的白樺以2：8的比例混拌在一起。除了加入蒙古鹼水外，為了增加嚼勁而添加乾燥蛋白粉。進行粗整作業之前，依手感將麵團攪拌成肉鬆狀。店長林信先生表示「要製作彈牙且具有嚼勁的麵條，絕對少不了粗整作業前的熟成步驟」。

【材料】

一次製作分量（※每天不盡相同，此為取材當天的情況）

「冰月」（近似中筋麵粉）6公斤、「白樺」（準高筋麵粉）1.5公斤（共計7.5公斤）、乾燥蛋白粉、水（淨水）、粉末鹼水（「蒙古鹼水」）、鹽

▶ 準備鹼水液

前一天將水、鹼水、鹽混拌在一起備用。天氣炎熱時另外加入冰塊。

將攪拌好的麵團倒入製麵機的攪拌池中，攪拌5～6分鐘。店裡使用品川麵機公司的製麵機。

攪拌5～6分鐘，麵粒呈肉鬆狀，根據手的觸感，若覺得水分不足，追加倒入一些鹼水液。

粗整成粗麵帶之前，先將麵團置於攪拌池中熟成30分鐘左右。比起粗整作業後才靜置熟成，這個時間點的熟成有助於後續製作出更具嚼勁且彈牙的麵條。

複合・壓延作業

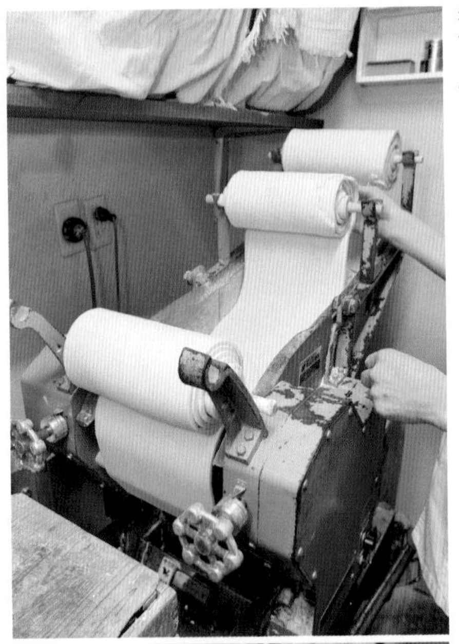

複合、壓延作業各進行2次。在加水狀態下製作麵條，最終結果可能有所不同，所以感覺麵條可能變粗時，稍微調整一下滾輪的直徑。

粗整作業

將肉鬆狀的麵團倒入圓輥入口處，碾壓製成粗麵帶。透過麵帶表面的觸感來確認作業是否完成。最理想的狀態是麵帶充滿彈性。

使用18號切麵刀。切好的麵條不逐一秤量，直接排列在保存箱中。客人點餐後才精準秤重。一球麵量為160公克。基於長麵條比較美味的想法，店裡使用的麵條相對較長。基本上，為了使麵條具有嚼勁，通常會熟成一晚後再使用，但有時根據當天的狀況也會於製作當天使用，遇到這種情況時，至少靜置熟成30分鐘～1小時。拉麵和沾麵使用相同麵條。

切條作業

進行壓延作業並切條。在切條後的麵條上撒手粉。

餛飩的餡料

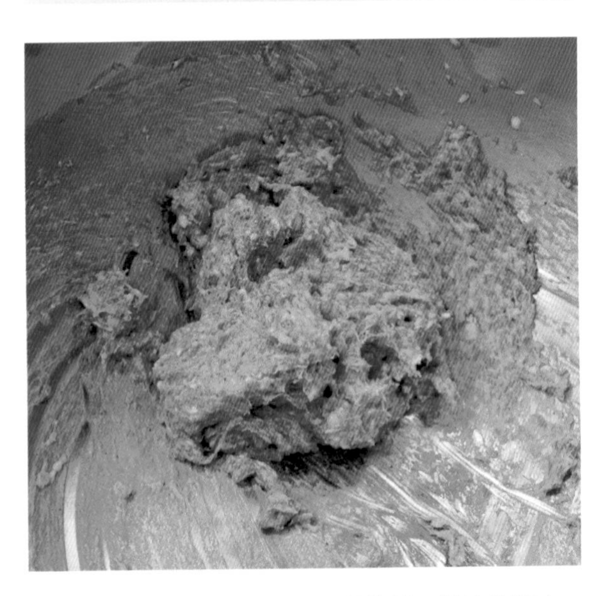

使用脂肪較少的豬絞肉作為餛飩餡料。攪拌餡料時，關鍵在於用手掌快速壓揉拌勻。紅肉部分和脂肪充分混合在一起，攪拌至整體呈粉紅色為止。800公克的絞肉可以製作成約100顆餛飩。一個星期製作一次用於餡料的餛飩醬汁，材料有醬油醬汁、紹興酒、日本酒、蠔油。一樣使用「白樺」麵粉製作餛飩皮。

【材料】

小麥麵粉（「白樺」100公克）、豬絞肉600公克、中尺寸的洋蔥半顆、生薑20公克、餛飩醬汁100公克、芝麻油20公克、胡椒

將豬絞肉、洋蔥、生薑等材料充分攪拌在一起。購買豬絞肉時，指定脂肪較少的部位。將洋蔥切細碎，生薑磨成泥（切成碎末也可以）。攪拌前先在豬絞肉上撒胡椒粉。

將餛飩醬汁、芝麻油和豬絞肉倒入攪拌盆中，攪拌至整體呈粉紅色。為了使餡料口感滑順，攪拌速度盡可能快一點。攪拌中途改用手掌以壓揉方式攪拌。餛飩醬汁使用醬油調味醬、紹興酒、日本酒、蠔油等製作而成。

湯頭

「沾麵」和「拉麵」使用不同湯頭，分別熬煮。「拉麵」使用兩種高湯混合而成，動物基底高湯以雞架骨為主，搭配豬骨、豬前腿骨、豬五花肉、蔬菜等熬煮而成；魚貝基底高湯則使用昆布、乾香菇、鰹節、瀨戶內鯷魚乾等食材熬煮。動物基底高湯於前一天熬煮備用，隔天再與魚貝基底高湯以3：2的比例混合在一起。動物基底高湯熬煮時間需要6小時左右，通常會從早上就開始準備。「沾麵」所使用的湯頭中，魚貝基底高湯比例較重，因此「沾麵」醬汁的濃度和鹽分都相對較高。

調味醬

「拉麵」和「沾麵」所使用的調味醬都一樣。醬油調味醬只用調味料製作，不另外添加出汁高湯。而鹽味調味醬則另外添加蝦米和貝柱等乾料。

風味油

以荷蘭產豬油酥炸蔥、洋蔥、大蒜和生薑。

快速包餛飩且排列整齊。製作口感滑順，皮薄且具有咬感的餛飩皮。最理想的狀態是皮薄，舌頭觸感佳，但不會一碰就破。店裡每2～3天製作一次餛飩皮，而且為了保持餡料的風味，店長堅持當天製作當天使用，絕不使用冷凍餡料。餡料的調味基本上沿襲「かづ屋」，但餛飩皮的部分，幾經無數次的嘗試，已經大幅不同於過往。

東京
御徒町

らーめん
藪づか

地東京都台東区上野3-13-1 西武ビル1階 席10坪／9席 時11時30分～15時30分、17時30分～21時30分 休週二 ¥950～1000日圓

擔擔麵【850日圓】

以雞架骨、全雞、雞腳等熬煮湯頭，充滿十足雞肉味，再另外添加充滿香氣的自製芝麻醬，以及辣油、味噌肉醬、焙煎辛香料等充滿迷人辛辣味的調味佐料。完全不使用化學調味料。擔擔麵使用的麵條為中細直麵，是能夠充分吸附湯汁的低含水率自家製麵，既能嚐到小麥本身的風味，也能同時享受柔軟口感。

主要使用店家當地．群馬縣生產的小麥麵粉。最大特色是做出來的麵條既滑順又充滿香氣。

醬油拉麵【800日圓】

雖然招牌商品是擔擔麵，但約有3成客人是專門為了醬油拉麵而來。醬油調味醬的味道具有層次和深度，使用口感甘醇的天然釀造醬油，以小火熬煮3小時，過程中產生的梅納反應讓味道更加濃厚。擔擔麵不添加醬油調味醬，但醬油拉麵的湯頭除了以深鍋熬煮3～4小時，再加入食物調理機攪細碎的背脂以增加濃厚感外，還另外搭配以特製調味醬醃漬製作的豬五花、豬後腿叉燒肉。

由於中粗麵又厚又長，通常會概略先抓一大把，然後秤量一人份後盤成一球。擔擔麵使用的麵條，理想厚度為1.3毫米，醬油拉麵則是1.5毫米。

『藪づか』擔擔麵的製麵方法與理念

店裡主要使用當地群馬縣生產的小麥麵粉，以及充滿迷人香氣的「黃金鶴」。每一天輪流製作「擔擔麵」和「醬油拉麵」各自需要的麵條。但擔擔麵的點餐數量較多，有時會依庫存數量而進行調整。加水率為30%，包含小麥麵粉重量28%的水，以及鹼水和鹽各1%，亦即水＋鹼水＋鹽。然而這個數值並非固定不變，通常會根據氣溫、濕度、體感而微調。

【材料】

一次製作分量（※每天不盡相同，此為取材當天的情況）

小麥麵粉（「黃金鶴」）5公斤、水（淨水器水）1400毫升、粉末赤鹼水50公克、鹽50公克

準備鹼水液

秤量水、鹼水、鹽的所需分量後混合在一起，製作鹼水液備用。以前會另外添加雞蛋來調味，但由於口感過於鬆軟，不適合製作具有嚼勁且低含水率的擔擔麵條，因此只有在製作醬油拉麵使用的麵條時，才額外添加雞蛋。擔擔麵適合使用低含水率的麵條，加水率控制在30%左右。

空回し

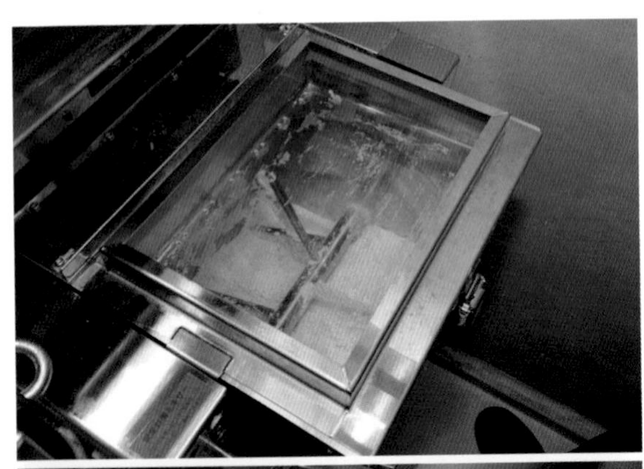

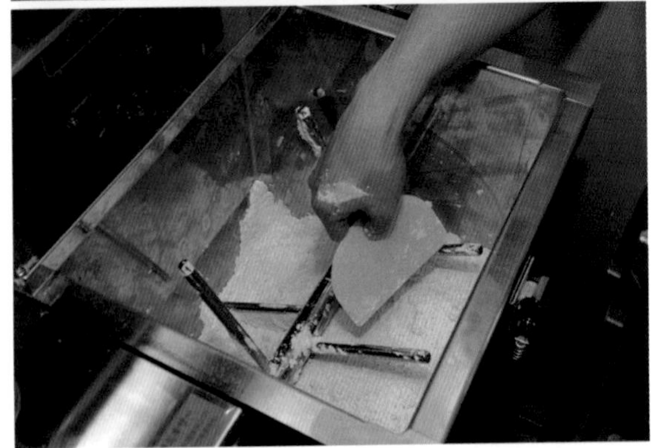

將小麥麵粉倒入攪拌機中，進行前置攪拌作業8～10分鐘。省略這項步驟會導致麵粉容易結塊，務必先透過前置攪拌作業讓麵粉飽含空氣。運轉後用刮刀將沾黏於葉片上的麵粉刮乾淨。店裡使用大和製作所的製麵機。

攪拌作業

將鹼水液分二次加入攪拌機中。若一次全部倒進去，無法順利攪拌成麵粒狀態。攪拌約5分鐘後再倒入第二次鹼水液，繼續攪拌5分鐘，共攪拌10分鐘。攪拌後務必進行確認，由於擔擔麵的麵條是低含水率，應該不會變成一大團。蓋上塑膠袋，靜置熟成15分鐘左右，接著再進行粗整作業製成粗麵帶。用手將附著於攪拌機內側的麵粒刮乾淨。

進行4次複合作業後，麵片表面滑順有光澤。最後再測量一下麵片厚度，若超過1毫米，則在進行壓延作業時稍做調整。由於厚度會因季節而稍微有所不同，最後都必須進行微調。

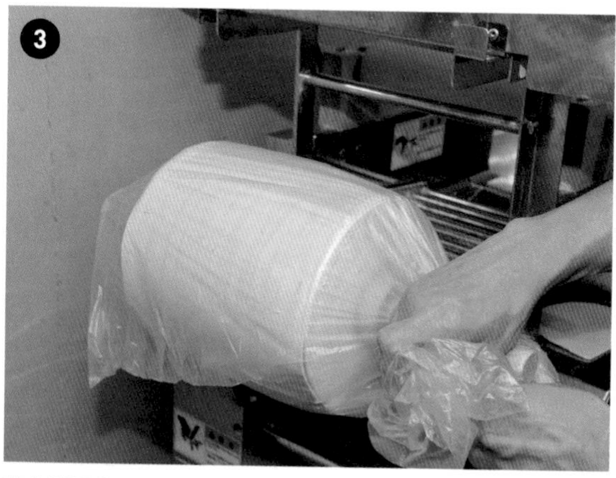

套上塑膠袋，靜置熟成15分鐘。

粗整作業

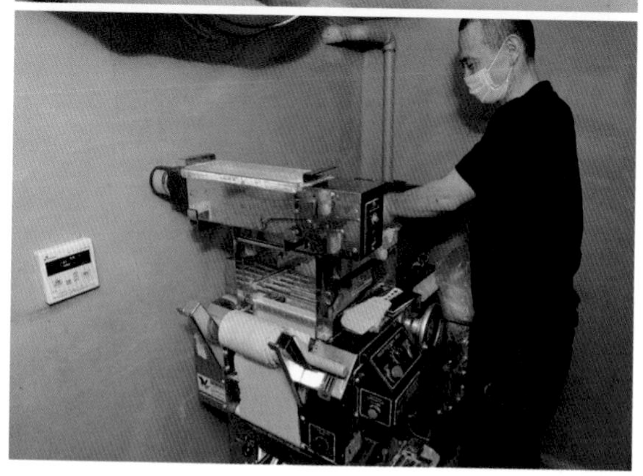

設定厚度為1毫米，然後用手將麵粒推送至圓輥入口，碾壓製作成粗麵帶。看到結塊的麵團時，稍微用手捏碎。水若沒有充分和麵粉結合在一起，容易產生色差，進而造成麵帶表面色澤雜亂不一。圓輥速度適中，勿過慢也勿過快。太快可能無法順利碾壓。複合作業也以同樣轉速進行，但壓延作業首重效率，速度可以設定得快一些。

複合作業

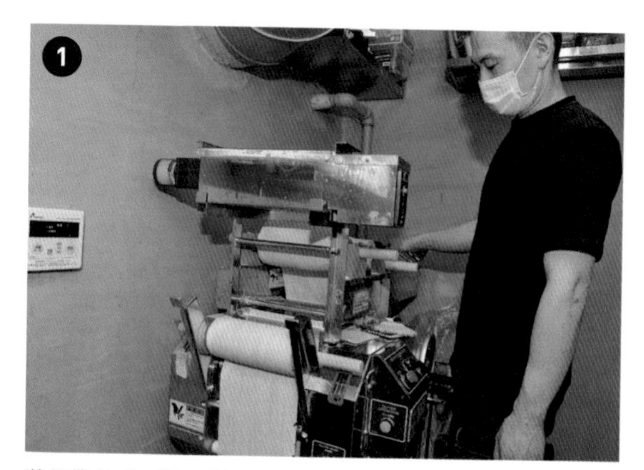

將麵帶分成2捲，進行複合作業。共進行4次複合作業，直到麵片表面滑順有光澤。進行第一次複合作業時，厚度設定為1.5毫米，第二次為2毫米，第三次為1.5毫米，最後一次則為1毫米。

煮麵作業

使用煮麵機煮麵。基本時間為1分30秒。

煮麵期間先將穀物醋、生薑、大蒜、自製芝麻醬、醬油調味醬、湯頭倒入碗裡，然後再放入剛煮好的麵條。最後將自製辣油、自製焙煎辛香料、味噌肉醬和配料擺在最上面就完成了。辛香料包含辣椒、花山椒、葡萄山椒等。味噌肉醬則使用紅味噌、醬油、番茄調味，並以孜然、芫荽、山椒、胡椒、大蒜、生薑增加香氣。

壓延作業

希望最終麵片厚度是1.3毫米，考慮到麵團膨脹情形，進行壓延作業時也和第四次複合作業相同，將厚度設定為1毫米。圓輥轉速比複合作業時快一些。

切條作業

使用20號深溝切麵刀裁切用於擔擔麵的麵條。就算麵團較厚，也能輕鬆裁切，而且由於鋸齒狀面積較大，更有助於吸附湯汁。調整麵條長度，讓1球重量約為140公克。另一方面，醬油拉麵使用的麵條是中粗麵，長度約32公分，比擔擔麵使用的中細直麵還要長一些。如果重量大於140公克，則裁切得短一些。切條好的麵條放在保存盒裡，置於冷藏庫熟成一晚。

前置攪拌作業

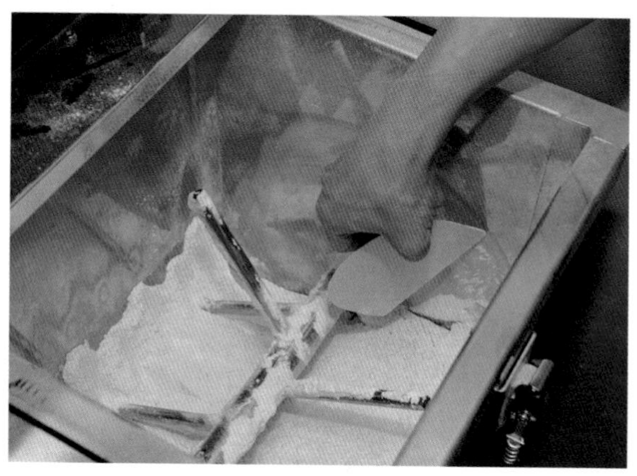

混合國外產和日本產麵粉製作「醬油拉麵」使用的麵條。秤量好後倒入攪拌機中，先進行麵粉部分的前置攪拌作業。步驟和時間同擔擔麵。

準備鹼水液

小麥麵粉的重量、鹼水、鹽的分量都和製作擔擔麵麵條時相同，但水的用量增加至1950毫升，加水率高達42%，屬於高含水率麵條。另外，蛋黃用於增加麵條的鮮味，蛋白用於讓麵條更加鬆軟。當粉末鹼水和鹽充分溶解後再加入全蛋。

『藪づか』醬油拉麵的製麵方法與理念

製作醬油拉麵所使用的麵條時，以4：1的比例混合國外產的「特壽」和日本產的「黃金鶴」麵粉。而為了打造鬆軟口感和增添蛋黃鮮味，另外添加擔擔麵所沒有的全蛋。基於店長川田光範先生的喜好，擔擔麵使用的是低含水率的麵條，而醬油拉麵方面，因為過去很喜歡白河拉麵和佐野拉麵，所以使用口感較為Q彈的手揉捲麵。麵條含水率較高，約有42%，而且比擔擔麵所使用的麵條粗一些，適合味道濃郁且強烈的醬油湯頭。先使用12號切麵刀切成寬麵，並於一球一球稱重後，透過自家流派的手揉方式捏成捲麵。麵量約150公克，比擔擔麵多一些。

【材料】

一次製作分量（※每天不盡相同，此為取材當天的情況）

小麥麵粉（黃金鶴1公斤、特壽4公斤）、水（淨水器水）1950毫升、粉末鹼水50公克、鹽50公克、全蛋50公克

粗整作業

將厚度設定為2毫米，圓輥速度同製作擔擔麵的麵條。麵團若過大，麵帶容易斷裂，所以看到過大的麵團時，先稍微捏碎後再送進圓輥入口處。

攪拌作業

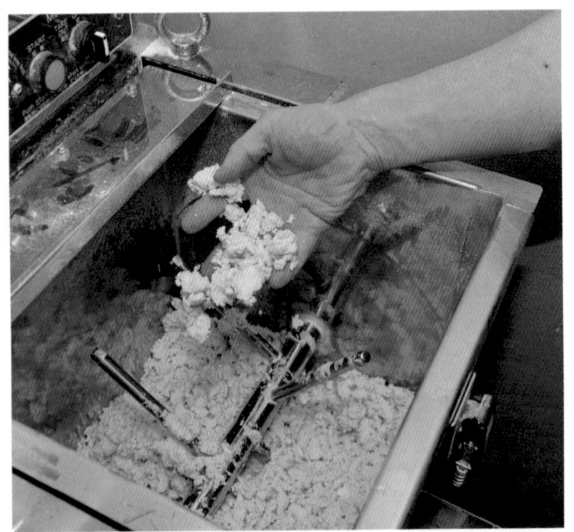

先倒入一半的鹼水液，攪拌3～4分鐘後再倒入剩餘一半的鹼水液，繼續攪拌3～4分鐘。進行粗整作業之前，先裝入塑膠袋中靜置熟成30分鐘。

壓延作業

麵片厚度設定為1.5毫米，邊撒上手粉邊進行壓延作業。圓輥速度稍微調快一些。

切條作業

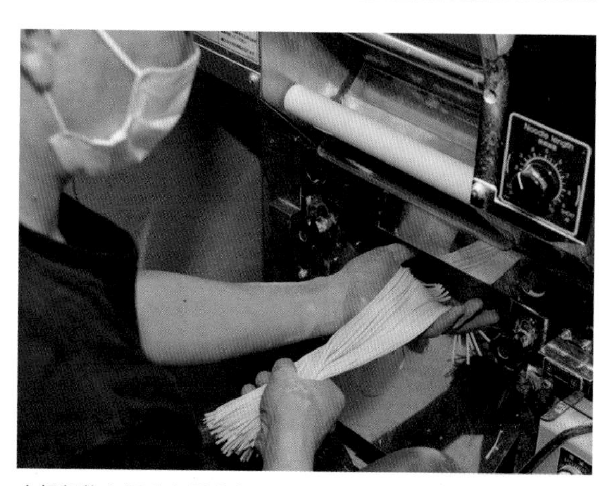

中粗麵條在厚度和長度上難以取得平衡，所以通常會先切成一大把，然後一球一球秤量後，再用手捏揉成捲麵。另外，因為喜歡白河拉麵和佐野拉麵的手打麵，所以醬油拉麵部分使用較粗的手揉麵條。以12號方形切麵刀進行切條作業。1球麵量為150公克。

複合作業

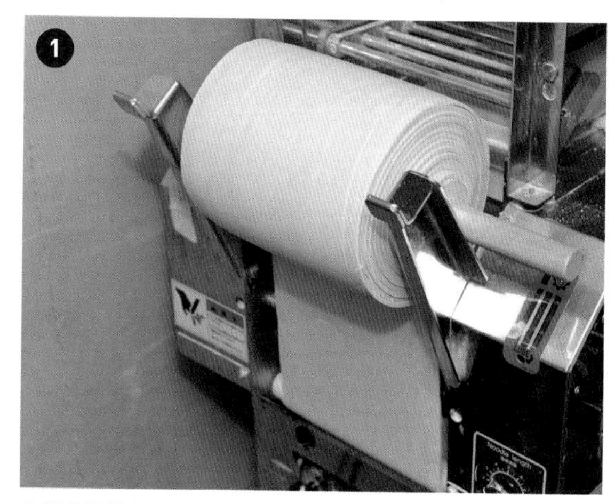

和製作擔擔麵的麵條一樣進行4次複合作業。起初將麵片厚度設定為3毫米，接著以3.5毫米→3毫米→2毫米的順序進行複合作業。

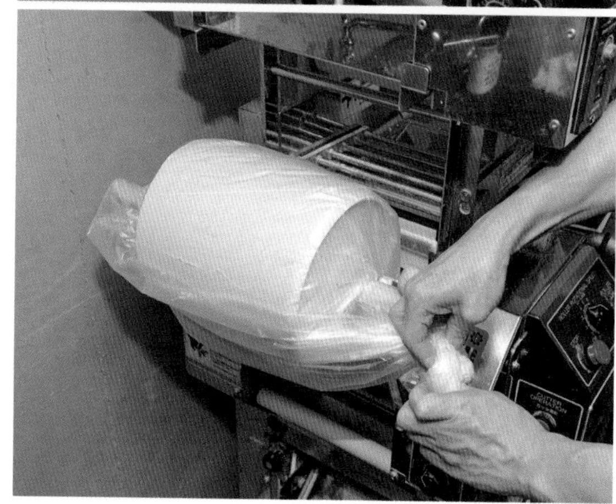

最終麵片厚度為1.5毫米，比擔擔麵的麵條稍微厚一些。進行4次複合作業後，用塑膠袋裝起來，靜置熟成15分鐘。

▶ 煮麵作業

比起擔擔麵的麵條，醬油拉麵所使用的麵條需要多煮2分鐘。另外，先將碗放在煮麵機上預熱備用。煮麵期間將醬油調味醬、背脂、湯頭倒入碗裡，接著放入煮好的麵條和配料後就完成了。無論是擔擔麵或醬油拉麵，都是客人點餐後再以小鍋舀取湯頭加熱使用。

▶ 手揉麵

用手揉捏至麵條帶有捲度。一球一球揉捏，每一球麵條的捲度會比較平均。麵條長度約32公分。

擔擔麵和醬油拉麵使用相同湯頭。深鍋裡放水，以大火加熱至沸騰。這段期間稍微清洗一下雞架骨、雞腳和全雞。

水沸騰後放入雞架骨、雞腳和全雞。若從冷水開始熬煮，會有一股雞腥味，務必於水滾之後再放入食材。

『藪づか』的湯頭

目前一個人要應付店裡所有大小事，基於營運上的考量，菜單上只有2種品項供客人選擇。擔擔麵和醬油拉麵使用同樣湯頭，主要食材包含雞架骨、全雞、雞腳和豬五花肉。撈除浮渣後繼續以小火熬煮3.5小時，在那之前先以中火熬煮35分鐘，目的是讓雞味更為強烈。基本上，營業前開始熬煮湯頭，並於下午3點左右關掉爐火。

【材料】

一次製作分量（※每天不盡相同，此為取材當天的情況）

日本產雞架骨15公斤、日本產雞腳3公斤、全雞（淘汰的蛋雞）3隻、水（淨水器水）28公升

【湯頭製作流程】

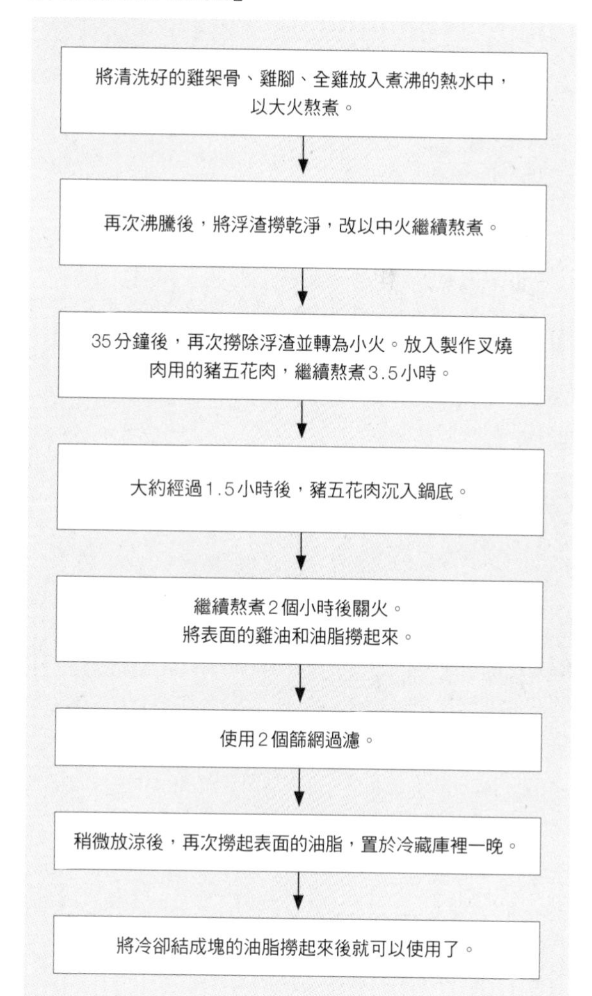

大約40分鐘後再次沸騰，維持大火狀態下小心撈出浮渣。由於店裡主打清湯，所以要盡量將浮渣撈乾淨。接著改調為中火，並在不蓋鍋蓋的狀態下繼續熬煮35分鐘。以中火熬煮是為了讓雞味更加濃郁。

35分鐘後調為小火，繼續熬煮3.5小時。在這段期間將製作叉燒肉的豬五花肉放進去。為了避免瘦肉部分過於軟爛，以脂肪部分朝下的方式放入鍋裡。

豬五花肉放進鍋裡約1.5小時後會沉入鍋底。這時湯頭溫度大約100度C。

放入豬五花肉的3.5小時後關火。稍微撈出浮在表面的雞油和油脂。取一個細網格的篩網，上面再疊一個粗網格的篩網過濾湯頭。冬季和夏季過濾後所剩下的湯頭量可能不盡相同，務必視情況調整熬煮時間。

將過濾後的湯頭移至另一只深鍋，並連同鍋子置於蓄水的流理台水槽裡急速冷卻。這時繼續將浮在表面的雞油撈乾淨。將湯頭分裝在2個鍋子裡並靜置於冷藏庫裡一晚。隔天再次撈除結塊的雞油就可以使用了。

自家製辣油

將中國製辣椒粉、鷹爪辣椒、花山椒、肉桂、八角、大蒜、蔥、生薑、陳皮放入鍋裡，加入白絞油後以小火烹煮30～40分鐘。散發香氣後關火並過濾。

自家製芝麻醬

將150度C烤箱烘烤後充滿香氣的花生、白芝麻、腰果放進食物調理機，持續攪拌運轉至出油。接著將花生油、芝麻油、白絞油等混合在一起的油類也倒入食物調理幾中，攪拌至沒有顆粒且滑順的泥狀。

醬油調味醬

以濃味醬油為基底，並且加入味道深沉且溫和，使用整顆大豆釀造的醬油。將醬油、小遠東擬沙丁魚乾、根昆布、干貝、乾香菇、酒、味醂、豬肉放入鍋裡，以小火熬煮3個小時，因梅納反應的關係散發出濃厚香氣與層次豐富的味道。加入豬肉是為了增加整體鮮味。除了干貝和乾香菇外，也將事先浸泡回軟用的出汁水一併倒入鍋裡。煮好後急速冷卻，於隔天過濾並靜置一天後才使用。

神奈川
橫浜市

豚骨清湯・自家製麵
かつら

地神奈川県橫浜市南区前里町1丁目17-6 席約14坪·22席 時11時30分～15時、17時～21時（※平常 週一～週六至23時，週日至22時） 休週一 ¥低於1000日圓

餛飩麵【950日圓】

以慢火熬煮豬前腿骨、豬背骨、豬頸肉、蔥綠，然後在清澈豬骨清湯裡加入鹽味調味醬、自家製細麵、5顆自家製餛飩。餛飩麵是店裡頗受好評的招牌餐點，而除了餛飩，還有叉燒肉、筍乾、白髮蔥絲、細蔥絲等配料。餛飩餡料只有豬絞肉和長蔥，而麵條部分比較重視咬感，使用加水率28%的低含水率麵條。

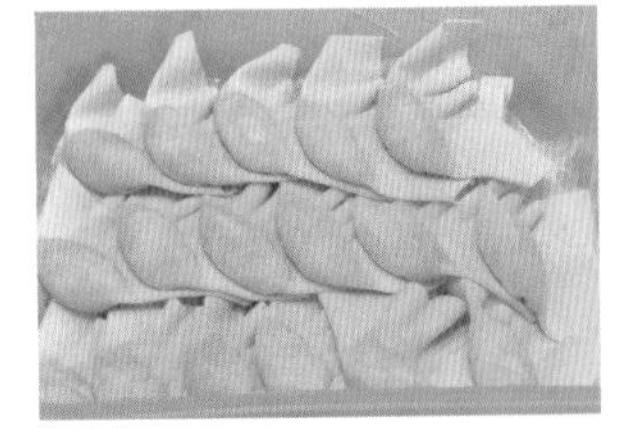

雲吞除了是拉麵的配料，也以單品「香酥炸雲吞」的形式提供給客人。

KATURA中華拉麵【800日圓】

在豚骨清湯裡加入鰹節等熬煮的魚貝湯頭，並以醬油調味醬調味。配料包含餛飩、溏心蛋、叉燒肉、筍乾、白髮蔥絲、鴨兒芹。受歡迎的程度僅次於「餛飩麵」。一人份的麵量是120～130公克（烹煮前），烹煮時間為40秒。

使用22號切麵刀切成細麵，「餛飩麵」和這款拉麵使用同樣的麵條。為了讓大家能夠悠閒享用，特別製作這種浸泡在湯汁裡也能維持原有延展性的麵條。

『かつら』的製麵方法與理念

為了搭配豚骨清湯，也為了和附近多數橫濱家系拉麵有所區隔，店裡特別開發低含水率、22號切麵刀切成的細麵。不斷和製麵機公司進行討論，經歷無數次的失敗，才終於製作出美味可口的麵條。

以一種高筋麵粉製作出加水率28%的低含水率麵條。由於添加乾燥蛋白粉和小麥麩質，麵條極具嚼勁，浸泡在湯汁裡也能維持原有延展性。

之所以堅持保留原有的延展性，是基於對家庭和上班族的體諒。小孩吃麵速度慢，上班族喜歡邊喝酒邊吃麵，為了讓他們每一口都能享用最美味的麵條，特別製作嚼勁能維持到最後一口的麵條。店裡不提供大碗拉麵，但有加麵服務，煮麵時間只需要40秒，能夠快速提供客人美味又熱呼呼的麵條。

【材料】

一次製作分量（※每天不盡相同，取材當天為3公斤）

小麥麵粉（高筋麵粉）3公斤、乾燥蛋白粉30公克、小麥麩質30公克、水840公克、鹼水30公克、鹽30公克

※加水率固定為28%。鹼水和食鹽各為麵粉重量的1%。

『かつら』的湯頭

店家所在的橫濱市有許多湯頭濃厚的「家系」拉麵店，但由於店家周圍屬於住宅區，蓋了不少新房子，所以店家於2018年9月開幕之初，店長石岡俊一郎先生便基於「從小孩到老人都能輕鬆接受的豚骨拉麵」的想法，選擇使用「豚骨清湯」。

豚骨清湯的主要食材有日本產豬前腿骨、豬背骨、豬頸肉、蔥綠等，為避免湯頭混濁，隨時調整火候，經8個小時慢工熬煮而成。雖然看似清淡，但湯頭味道濃郁有層次，搭配鹽味調味醬或醬油調味醬都很適合。

一開始將客層設定在家庭和下班後來喝一杯的上班族，所以店裡22席座位全是桌席。而如同一開始的設定，無論男女老少都非常喜歡『かつら』的拉麵。

攪拌好之後，將沾黏於攪拌機葉片上的麵團刮乾淨。由於加水率較低，麵團相對比較乾燥。

攪拌・澆淋鹼水液

基本上每天早上製作麵條，一次製作分量至多10公斤。當天客人多的情況，則會於下午的離峰時段再追加製作一次。秤量好水、鹼水、鹽的所需分量，混合在一起製作鹼水液。

秤量好小麥麵粉、乾燥蛋白粉、小麥麩質後倒入攪拌機中。先攪拌麵粉2分鐘使粉類充分混合在一起。

倒入所有鹼水液，充分攪拌10分鐘。使用大和製作所的製麵機，攪拌機容量至多10公斤（粉末重量）。

粗整作業

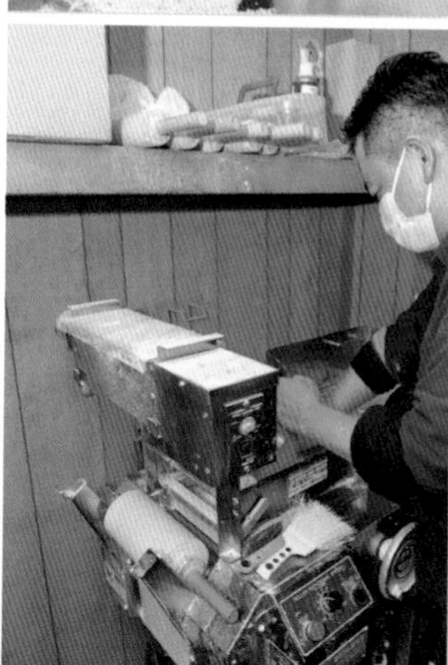

用手捏碎結塊的麵團後再送至圓輥入口，製作厚度約2毫米的粗麵帶。設定厚度為2毫米，圓輥轉速調為慢速。將麵團碾壓製成2條粗麵帶。

2 第二次複合・壓延作業

設定麵片厚度為1.5毫米，進行第二次複合作業。維持相同圓輥轉速。

進行二次複合作業以增加麵條「強韌度」。裝入塑膠袋中避免乾燥，靜置常溫下熟成2小時左右。

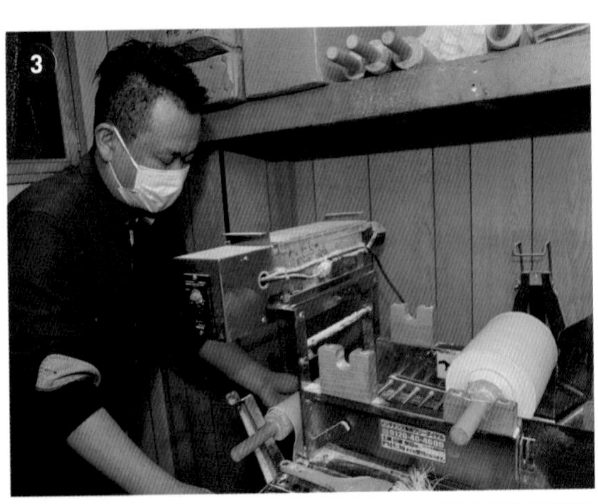

設定麵片厚度為1毫米，維持相同圓輥轉速，撒上些許手粉進行壓延作業。

由於加水率低，粗麵帶兩端可能不太平整。遇到這種情況時，需要稍微稍微修整一下。

▶ 複合作業

1 第一次複合作業

利用複合作業將2條粗麵帶合併在一起並捲成筒狀。將麵片厚度設定為2毫米，並且稍微提高圓輥轉速。進行至一半時，取另外一根捲麵棍，捲成2捲麵片。

第一次複合作業結束。注意兩端部位容易碎裂。

煮麵作業

客人點餐後再煮麵。煮麵時間為40秒。為了讓客人充分享用麵條的口感，店裡沒有大碗拉麵的選項，而是以加麵方式提供。

進行到這個階段，麵片應該已經變得很薄，而且表面光滑。

切條作業

使用22號切麵刀裁切麵條。盤成一球一球後整齊排列於保存盒中。一人份約120～130公克。若麵片有缺角情況，切條後的麵條量可能會減少，遇到這種情形時，稍微調整一下一人份的麵量。

將麵條置於冷藏庫裡保存。為了增加麵條的穩定性，通常於當天中午前完成製麵，靜置至當天晚上或隔天使用。

將秤量好的麵粉倒入攪拌機中，進行前置攪拌作業2分鐘讓兩種麵粉充分混合在一起。在水裡倒入鹼水和鹽充分拌勻，然後一口氣全倒入攪拌機中攪拌。

攪拌10分鐘後取出麵團。由於加水率稍微高一些，麵團呈肉鬆狀。用手將沾黏於攪拌葉片上的麵團刮乾淨。

▶ 粗整作業

用手將比較大的麵團捏碎，然後放入圓輥入口處。麵帶厚度設定為2毫米，稍微將圓輥轉速調快一些。分成2根捲麵棍，碾壓製成2條粗麵帶。

『かつら』餛飩麵皮

餛飩用的餛飩皮也是店家親手擀製。皮薄且充滿柔軟嚼勁的口感，但同時也不會因為餡料多而破裂。非常重視麵皮的使用材料和製作方法。

一次製作分量為2公斤小麥麵粉，並且使用製麵機每隔1～2天製作一次。餛飩除了是拉麵的配料外，也以「酥炸餛飩」的品項單賣。

【材料】

小麥麵粉（高筋麵粉）1公斤、小麥麵粉（中筋麵粉）1公斤、水760公克、鹼水10公克、鹽20公克

先用菜刀切開麵片，自圓輥取下麵片。

將麵片裁切成正方形。愈靠近圓輥軸心部位的面積愈小，所以一塊麵片僅可以切成4塊。而愈靠近外側的面積愈大，可以切成6塊左右。將豬絞肉和長蔥的餡料包在裡面就完成了。

▶ 複合作業

進行複合作業，將2條粗麵帶合併在一起。麵片厚度設定為1.5毫米。

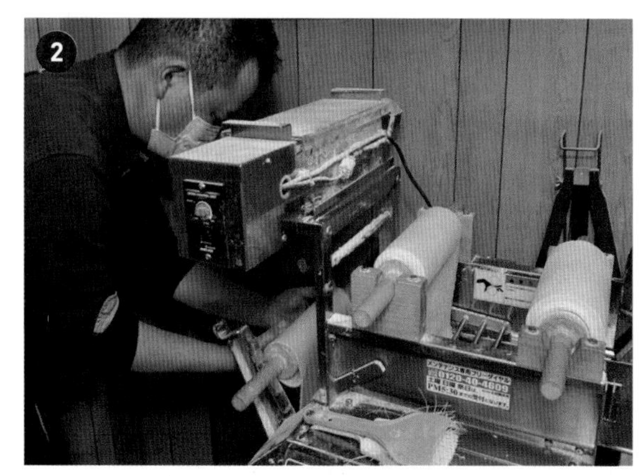

進行第二次複合作業，麵片厚度改設定為1毫米。撒上少量手粉以避免麵片沾黏。

▶ 壓延作業

麵片厚度設定為0.5毫米，在圓輥上撒些手粉，進行壓延作業。

將秤量好的麵粉倒入攪拌機中，進行前置攪拌作業2分鐘讓兩種麵粉充分混合在一起。在水裡倒入鹽、砂糖、沙拉油充分拌勻，然後一口氣全倒入攪拌機中攪拌。

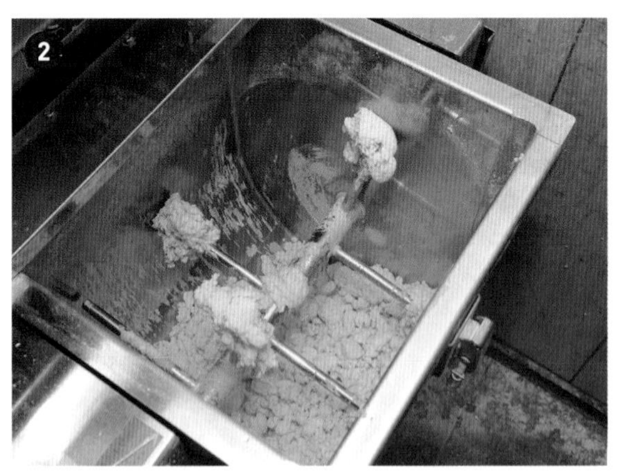

攪拌10分鐘後取出麵團。由於加水率比較高，再加上內有沙拉油的緣故，麵團結塊情形比較嚴重。用手將沾黏於攪拌葉片上的麵團刮乾淨。

▶ 粗整作業

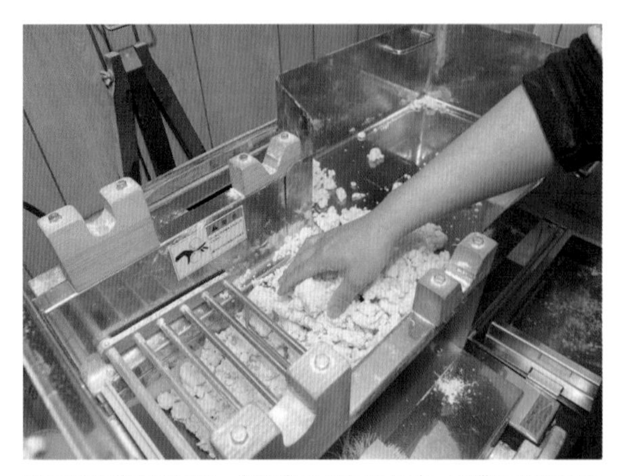

用手將結塊麵團捏碎，然後放入圓輥入口處。麵帶厚度設定為2毫米，圓輥轉速稍微調快一些。分成2根捲麵棍，碾壓成2條粗麵帶。

『かつら』餃子皮

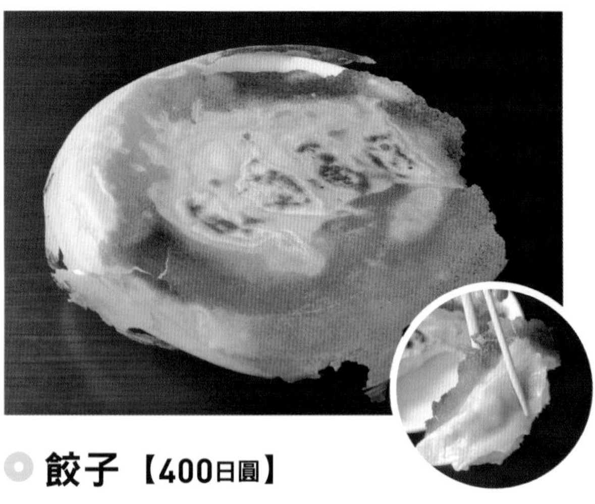

餃子【400日圓】

餃子皮也是店家使用製麵機於自行製作。餃子皮稍微厚一些，同樣具有柔軟嚼勁的口感。餡料材料有豬絞肉、高麗菜、韭菜。和餛飩一樣，最大特色是餡料多且口感佳。
店裡提供的餃子是煎餃，不是水餃。煎的時候淋上太白粉水，做出最近在各地引起風潮的「冰花煎餃」，除餃子本身的美味外，更多了酥脆口感和焦香味道。一次製作分量為2公斤小麥麵粉，使用製麵機每隔1～2天製作一次。

【材料】

小麥麵粉（高筋麵粉）1公斤、小麥麵粉（中筋麵粉）1公斤、水760公克、鹽20公克、砂糖20公克、沙拉油20公克

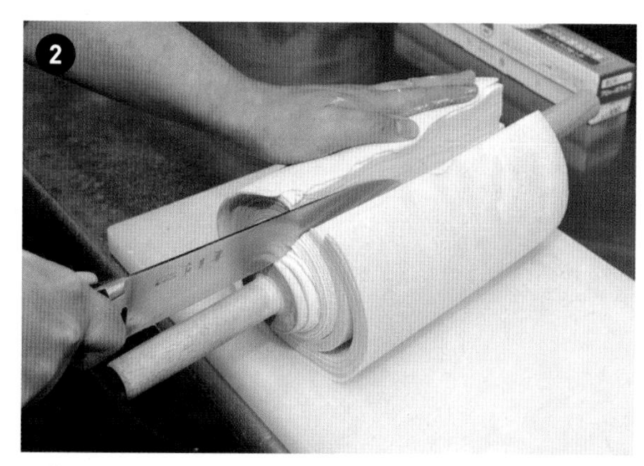

用菜刀切開麵片並自圓輥取下麵片。

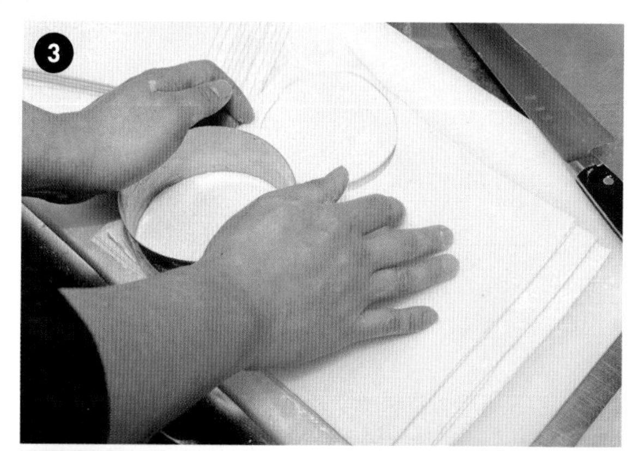

將麵片堆疊起來，用餃子皮模型裁切成圓形。最後將豬絞肉和高麗菜、韭菜餡料包在裡面就完成了。

複合作業

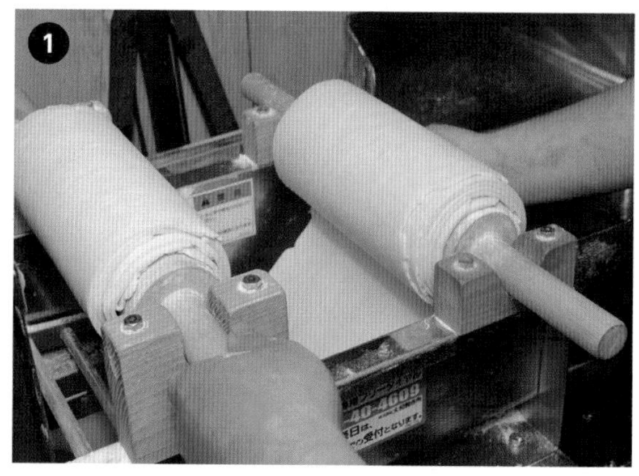

進行複合作業將2條粗麵帶合併在一起。麵片厚度設定為2毫米。

麵片厚度改設定為1.5毫米，進行第二次複合作業。撒上些許手粉以避免麵片沾黏。

壓延作業

麵片厚度設定為1.25毫米，在圓輥上撒些手粉，進行壓延作業。

東京
高日圓寺

自家製麵
火の鳥 73

地東京都杉並区高日圓寺南4-25-9
席不到9坪・10席 時11時30分～15時（LO）、18時～22時（LO）
休週日、第三個週一 ¥900日圓

火之鳥辣味味噌拉麵（全配料+300日圓）【850日圓】

將味噌調味醬65毫升，以及冷麵專用調味醬和鹽味調味醬以1：2比例混合的特製調味醬10毫升、鰹魚粉、焦香辣椒、白湯基底高湯150毫升、清湯基底高湯250毫升放入小鍋裡加熱後倒入碗裡，然後將剛煮好的麵也放進碗裡，最後放入水煮豆芽菜、蔥、筍乾、叉燒肉、以調理機攪碎的花山椒、雞油、海苔就完成了。全部配料包含溏心蛋、2塊角煮（日式燉豬肉）、5片海苔。

端上桌之前，以瓦斯噴槍炙燒處理一下，加熱的同時也增加焦香味。

沾麵（醬油）【800日圓】

將醬油調味醬35毫升、特製調味醬10毫升、甩3次分量的綜合醋（黑醋和穀物醋各半混合在一起）、白湯基底高湯100毫升、清湯基底高湯150毫升放入小鍋裡加熱製作成沾麵醬汁。另外取一只小鍋，放入以瓦斯噴槍炙燒處理雞皮的日南雞30公克，並以最小的小火熬煮。先以酒、淡味醬油、生薑泥、大蒜醃漬調味日南雞備用。鹽漬豬五花叉燒肉也以瓦斯噴槍炙燒處理後和麵條一起盛裝在碗裡。

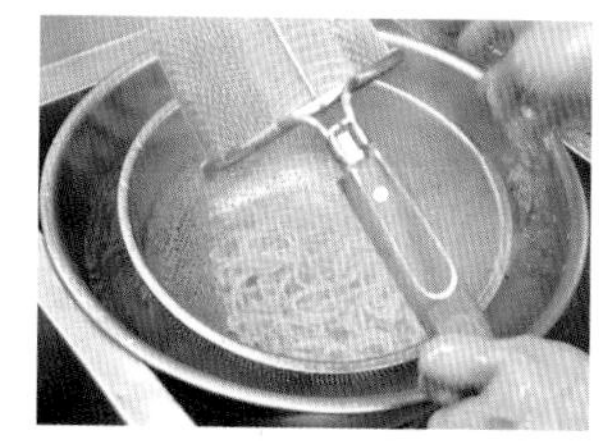

最近開始使用12號切麵刀切成極粗麵。「拉麵」和「沾麵」都可以自由選擇中細麵或極粗麵，但建議沾麵使用極粗麵。關於極粗麵的煮麵時間，用於「拉麵」時水煮8分鐘，用於「沾麵」時則水煮8分30秒。

【材料】
一次製作分量（※每天不盡相同，此為取材當天的情況）
準高筋麵粉「特白樂」12.5公斤、全麥麵粉650公克（共13.15公斤）、水（淨水器水）5100毫升、蒙古王鹼水約230公克、鳴門的鹽滷74公克

準備鹼水液

取秤量好的水、鹼水、鹽混合在一起，製作鹼水液備用。基本上一次製作2～3天的使用量。

『火之鳥73』的製麵方法與理念

中細麵

極粗麵

自從第二代店長淺羽範彥先生於2年前接下這家店以來，致力於重新檢討食材和製作工程。首先，在製作麵條部分，主要使用國外小麥的特白樂麵粉，搭配增加香氣和外觀的日本產全麥麵粉。以前麵粉僅攪拌3分鐘，現在改成45分鐘，另外複合作業的次數也增加至6次，以期製作出具有嚼勁的麵條。攪拌機攪拌過後，再利用全身重量踩在麵團上10分鐘左右。正反面每個角落都確實踩踏，才能做出具嚼勁的口感。使用16號切麵刀切成中細麵，使用12號切麵刀切成極粗麵。

踩踏作業

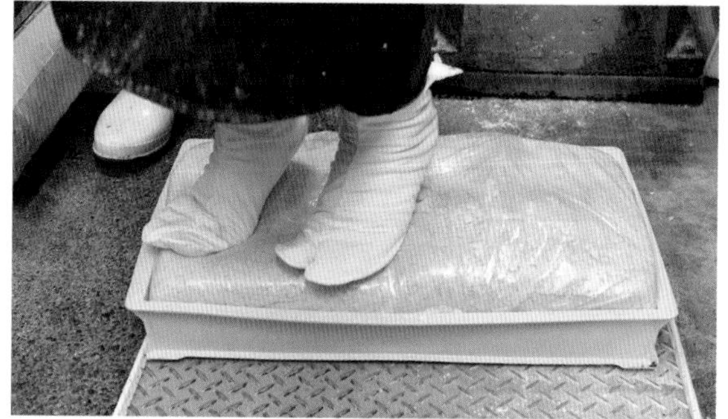

將麵團裝入質地較厚的塑膠袋中，連同塑膠袋塞入保存盒裡。穿上日式足袋，用全身重量踩踏麵團10分鐘。以大拇趾趾根部位有節奏地踩踏。踩踏3分鐘後將麵團翻面，然後繼續踩踏。3分鐘後再次翻面。

踩踏的目的是為了讓製作出來的麵條具有嚼勁。踩踏10分鐘後，靜置常溫下熟成5小時左右。冬季則延長至半天左右。

攪拌作業

將秤量好的小麥麵粉倒入攪拌機中並加入鹼水液，不要一次全部倒進去，稍微留下一些視之後的情況隨時調整。另外添加全麥麵粉以增添香氣。加水率39%。由於店家秉持「無化學調味料・無添加」的理念，所以特別選用天然的蒙古王鹼水。由於水分不容易擴散至底部，務必多留意且多進行幾次攪拌，確實拌勻麵團。最後以手感確認麵團狀態，覺得水分不足時再適度添加。

將小麥麵粉倒入攪拌機中攪拌45分鐘。結束前再次用手確認麵團狀態。

複合作業

熟成5小時後，將麵團縱切成一半，厚度也對切成一半。

將切好的麵團捲在製麵機的圓輥上，2個麵團碾壓製成1條粗麵帶。4等分的麵團共可以碾壓製成2條粗麵帶。店裡的製麵機是EBISU製麵機製作所於1986年製造生產的機型，至今仍保養得非常好。

3

進行複合作業將2條粗麵帶合併成1條麵片。調整厚度設定讓麵片慢慢變薄，共進行5次複合作業。用力壓住粗麵帶，邊調整寬度邊進行複合作業。

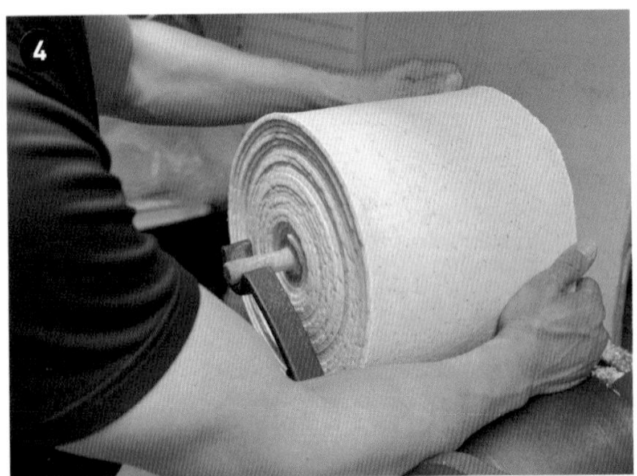

完成複合作業的麵片。現在改成6次複合作業，完成的麵片比以前更加滑順，煮麵時也比較不容易斷裂。

使用16號切麵刀切成中細麵，並且直接由製麵機裁剪成適當長度。同樣用麵粉袋蓋住並置於保存盒裡。

▶ 煮麵作業

關於中細麵的煮麵時間，用於「拉麵」是2分鐘，用於「沾麵」則是2分30秒。先用漏勺煮麵再移至平面篩網上瀝乾水分。

▶ 切條作業

最近開始使用12號切麵刀切成極粗麵。一般來說，客人多半選擇中細麵，但極粗麵也非常適合用於菜單裡所有品項，尤其是沾麵，非常推薦大家選擇極粗麵。

使用剪刀裁剪麵條，憑感覺判斷麵條長度，並於客人點餐時才秤量。當天馬上要使用的部分用2個麵粉袋蓋住並置於常溫下的保存盒中；非當天要使用的部分則放入冷藏庫裡保存。用麵粉袋蓋住是為了預防乾燥，並且防止濕氣變成水後再次回到麵條裡。

日式高湯

【材料】
水（淨水器水）、昆布150公克、乾香菇蒂40公克、鯖魚厚切柴魚片250公克、魚乾厚切柴魚片250公克、鰹魚本枯節250公克

用15公升的水浸泡乾香菇蒂30分鐘，然後用小火慢慢加熱。過去只是泡水靜置，沒有辦法讓昆布等食材的精華澈底出味，因此現在改用小火加熱慢慢熬。

大約8個小時後轉為大火，沸騰後為了避免出現鹼味，務必小心拿出昆布和香菇蒂，接著放入鯖節、魚乾和鰹魚本枯節。若只放一種，味道會過於單調，因此店裡一次添加三種。

『火之鳥73』的湯頭

店裡的湯頭主要有2種，一種是雞清湯高湯和日式高湯以1：1的比例混合在一起的清湯基底湯頭；一種是雞架骨和豬前腿骨熬煮的白湯基底湯頭。根據菜單上的品項變更兩種湯頭的混合比例。過去製作日式高湯時沒有使用鰹節或鯖節等柴魚節，但現在無添加任何化學調味料的情況下，為了烹煮具有深度的鮮味，便開始使用一些柴魚節等食材。另外，過去使用日本產Broiler雞種的雞架骨，現在改用博多土雞，並加入雞腳以強調雞味。目前的白湯基底湯頭增加了雞架骨的使用量，所以比較偏向雞白湯。

【湯頭製作流程】

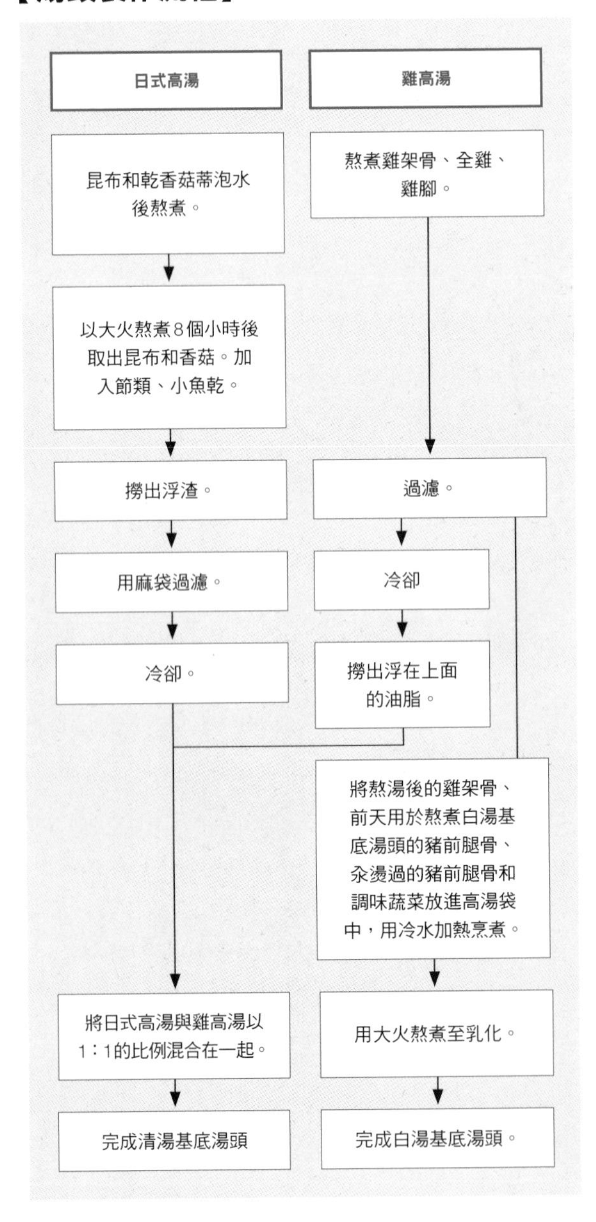

將日式高湯和雞高湯混合在一起。混合之前先撈起浮在雞高湯表面的雞油，用於醬油拉麵。先製作雞高湯，將處理過的博多土雞雞架骨10公斤、日本產全雞3公斤、日本產雞腳5公斤放入18公升的水中熬煮4個小時以上。過去只使用Broiler雞種的雞架骨，雞味不夠濃郁，因此現在多添加雞腳和土雞的雞架骨以增加雞味。目前店裡使用的土雞是物美價廉的博多土雞。

將放涼後的日式高湯倒入深鍋裡，約鍋子的一半高度，接著倒入同分量的雞高湯。雞高湯的熬煮時間只需要4個小時，所以會依據庫存量隨時熬煮加以補足。2種高湯混合在一起後置於冷藏庫裡保存。過去常將雞和豬前腿骨放入同一只深鍋裡熬煮，但同樣時間內只能完成白湯基底湯頭，所以現在改用2只鍋子分別熬煮雞和豬前腿骨。除了各自熬出食材原本的味道，也能依不同比例搭配出更多不同的菜單品項。

放入節類後以大火加熱至沸騰，撈出浮渣後轉小火，蓋上鍋蓋繼續熬煮45分鐘～1小時。注意不要讓湯頭過於渾濁。

關火後取出所有材料，以麻袋過濾高湯。只用篩網過濾，無法確實去除細小殘渣。完成日式高湯。將整個湯鍋放入一個裝滿冰塊的大鍋中急速冷卻，然後放入冷藏庫裡保存。最後將日式高湯和雞高湯以1：1的比例混合成清湯基底湯頭。

味噌調味醬

前任店長使用出汁味噌，但現任店長改用味道更具深度的北海道產「紅一點」味噌。另外再添加 味噌和西京味噌增加甜味和圓潤口感，添加八丁味噌使味道更具層次。一口氣使用4種味噌，讓味道不會過於單調。而為了打造天然甘甜味，完全不使用砂糖，而是透過西京味噌增添甜味。

【材料】
紅味噌（北海道產「紅一點」）、 味噌、西京味噌、八丁味噌、清酒、味醂（長期熟成味醂、黑味醂）

以紅味噌為主，另外加入紅味噌一半分量的 味噌和西京味噌，再倒入長期熟成味醂和黑味醂以1：1的比例混合在一起的特製味醂、煮到酒精蒸發的清酒，以及八丁味噌，將所有材料充分攪拌均勻。

▶ 白湯基底湯頭

將熬煮雞高湯使用的18公斤雞架骨、前一天熬煮白湯基底湯頭的豬前腿骨10公斤、汆燙且撈完浮渣的豬前腿骨10公斤裝進麻袋裡，並放入冷水中，以大火熬煮4個小時。將另一只鍋子汆燙25分鐘的豬前腿骨，連同蔥頭、大蒜和生薑等調味蔬菜一起放入麻袋裡。另外，原則上會將前天沒有用完的白湯基底湯頭倒入新熬煮的湯頭裡，但也會依據湯頭情況和庫存量，當天製作當天使用。將材料全部放入麻布袋裡，是為了提高作業效率，以更省時省力的方式過濾湯頭。而使用麻袋則是因為麻布袋的強度較高，比較不會破。

醬油調味醬

將HIGETA醬油公司的濃味醬油、愛知縣半田的底引壺底醬油和黑味醂依4：1：0.5的比例混合在一起。使用這種醬油調味醬烹煮豬後腿肉叉燒肉，製作叉燒肉時，要將溫度加熱至82度C。調味醬減少時，陸續添加補足。烹煮豬後腿肉叉燒肉時，先將醬油調味醬加熱至82度C，然後放入豬後腿肉，用餘熱悶煮3個小時。放涼後置於冷藏庫裡保存。

燉豬肉

將整塊豬五花肉放入白湯基底湯頭裡，熬煮3個小時左右。取出後放進冷水裡冷卻，接著切成小塊排列在鍋裡，每塊約35公克，倒入燉豬肉專用的調味醬並烹煮40分鐘，讓豬肉確實入味。燉豬肉專用的調味醬是使用清湯基底湯頭、白湯基底湯頭、沖繩黑糖、黑味醂、醬油調味醬混合調製而成。調味醬減少時，陸續添加補足。營業中用小鍋持續加熱保溫所需分量的燉豬肉。

豬五花叉燒肉

在長方形塊狀的豬五花肉兩面撒上鹽巴和胡椒，放入鍋裡並蓋上保鮮膜，靜置一天讓豬五花肉更入味。隔天用線將豬五花肉綁起來，直立於已經鋪好蔥和生薑的鍋子裡，倒入酒、水、些許淡味醬油，分量務必蓋過豬五花肉，然後以小火熬煮3～4個小時。將豬五花肉煮到軟而不爛時，置於冷藏庫裡保存。

確實攪拌，以手的觸感來判斷是否拌勻。完成味噌調味醬後即可當天使用。過去除了味噌調味醬外，也會添加醬油調味醬和辣油，但現在熬煮湯頭時多用了一些豬前腿骨，熬煮方式也有所改變，為了避免整體過於油膩且太濃厚，已經不再另行添加。除此之外，為了因應「想喝光」湯頭和最佳比例組合的需求，店裡也開始減少味噌調味醬的用量，改用「冷麵」專用調味醬和鹽味調味醬共計10公克來取代。「冷麵」專用調味醬是以醬油調味醬為基底，再加入黑味醂、黑醋、黑糖、鰹魚粉、生薑泥加熱調製而成。

焦香辣椒

使用調理機將整根中日本產辣椒攪碎，然後加入沙拉油烹煮。視作業情況隨時調整火候。確實煮到微焦酥脆。拌煮過程中將鍋子移開火爐，攪拌均勻後再繼續加熱。使用篩網濾油後，將辣椒倒回鍋裡就完成了。用於辣味系列的拉麵品項。

自家製麺

麺や六等星

地神奈川県川崎市多摩区菅稲田堤1-1-2 時18時～23時30分（不定期白天營業）
休週日（可能臨時公休）

六等星濃郁DX拉麵【1050日圓】

只使用豬前腿骨、豬背骨、豬腳和水熬煮的100%豚骨湯頭，味道非常濃厚。基於「骨渣也是鮮味」的想法，不刻意過濾骨渣以增加湯頭的厚重感。雖然湯頭味道強烈，但主角終究是麵條，因此店裡採用具彈牙口感的粗麵，麵條確實吸附湯汁，用湯匙將麵條送至嘴邊的同時也能品嚐湯頭美味。特別版「DX」有溏心蛋和3片叉燒肉配料。

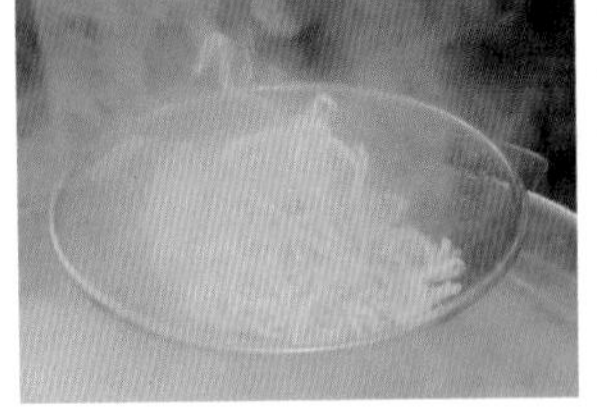

使用漏勺煮麵，麵條容易結成一團，無法讓所有麵條熟透，所以店裡採用讓麵條在鍋裡游動，再用平面篩網瀝水的方式煮麵。

濃厚沾麵（夏季限定）【1000日圓】

沾麵醬汁由醬油調味醬、魚乾油和三溫糖調製而成。魚乾油的基底是豬油，再加入日本鯷魚乾、鯖節、鰹節拌成泥狀。將魚乾油和魚粉添加在沾醬中，讓沾醬味道更為強烈。桌上擺放醋瓶，讓喜歡酸味的客人依各人喜好自行添加。沾麵所使用的湯頭事持續加熱熬煮的濃縮液，相較於拉麵湯頭，濃度較高且更為濃郁。而隨沾麵一同出餐的清湯，則使用羅臼昆布和鰹魚高湯熬煮而成。

先將叉燒肉浸在溫熱的沾麵醬汁中備用，於客人點餐後再取出切片。隨時保溫叉燒肉以避免油脂凝結成塊。叉燒肉厚度約1公分，重量約35公克。雖然只有一片，卻有十足口感。

『六等星』的製麵方法與理念

基於手打麵的概念，使用12號切麵刀切成具彈牙口感的粗麵。主角「天地MEGUNI」是長野縣小麥和北海道小麥混合製成的中筋麵粉，為了突顯小麥香氣，另外添加全麥麵粉。基本上加水率為36%，使用剛開封的麵粉時設定為36%，但使用開封一陣子的麵粉，則調整為37%，另外也會根據麵粉狀態和天候進行調整，有時甚至增加至39%。白白淨淨的麵條和濃厚湯頭有些不搭，所以麵條不經熟成步驟，而是製作好立即使用。麵條外觀或許不夠勻稱，卻能吸附更多濃厚湯頭。

【材料】
天地MEGUNI（中筋麵粉）、全麥麵粉、粉末鹼水（蒙古天然鹼水）、精製鹽、水

▶ 準備鹼水液

將粉末蒙古鹼水和精製鹽倒入水中拌勻，製作鹼水液備用。夏季期間將製作好的鹼水液置於冷藏庫裡冷卻。

▶ 前置攪拌作業

將秤量好的天地MEGUNI和全麥麵粉分三次倒入攪拌機中攪拌。

▶ 第一次正式攪拌

將鹼水液倒入製麵機中，攪拌3分鐘。3分鐘後掀開蓋子，刮下沾黏於機器內側的麵粉。

▶ 第二次正式攪拌

再繼續攪拌7分鐘。攪拌後確認一下麵團情況，確認是否結塊。

▶ 第二次複合作業

將第一次複合作業後的麵片分成2捲，再次進行複合作業將2捲麵片合而為一。

▶ 壓延・切條作業

將6毫米麵片壓延成3毫米，撒上手粉後以12號方形切麵刀切成麵條。若當天濕度較高，為了確實煮熟麵條，通常會將麵條切得厚一些且短一些。

▶ 粗整作業

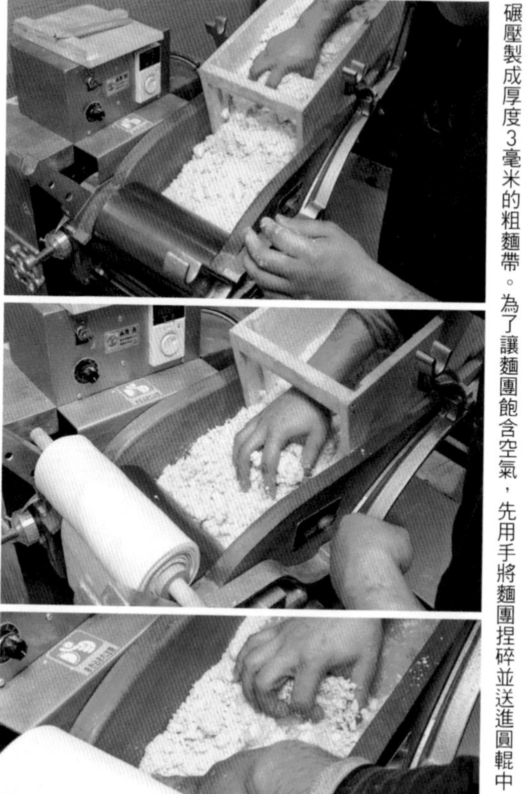

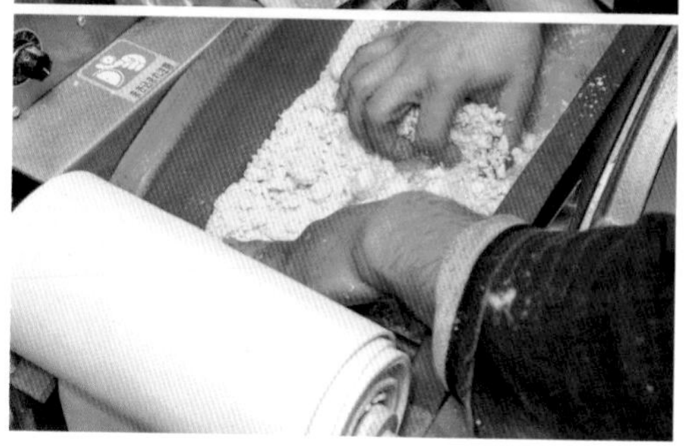

碾壓製成厚度3毫米的粗麵帶。為了讓麵團飽含空氣，先用手將麵團捏碎並送進圓輥中。

▶ 第一次複合作業

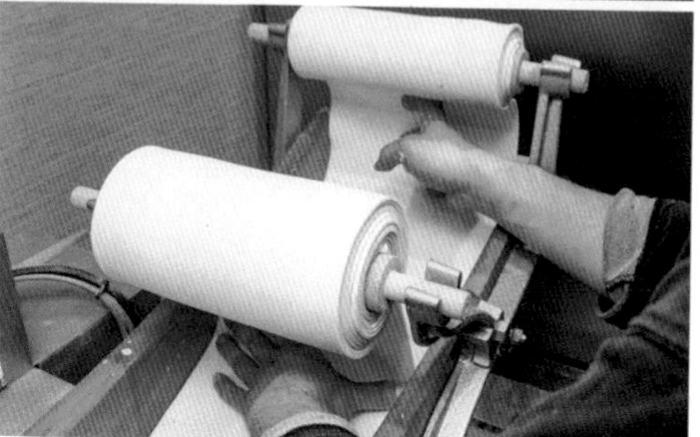

碾壓製成2條粗麵帶後，接著進行複合作業。用手幫忙拿著麵帶。

『六等星』的湯頭

湯頭基底是豬前腿骨，以豬背骨補足鮮味，以豬腳調整濃度。過去也曾經使用豬頭，但除了有腥味外，事前處理也很費時費力，目前已不再使用。另外，目前也不再使用會使湯頭過於濃稠的背脂。非日產的豬骨煮了之後有股臭味，所以店裡只用日本產豬骨。目標是盡可能只使用一只鍋子完成所有湯頭的製作。也由於廚房只有二口爐，儘可能只透過主湯頭和調整水位用的副湯頭來完成最終湯頭的調味。店裡使用導熱效率佳的羽釜熬煮主湯頭，即便是小火也能熬出濃厚味道。

【湯頭製作流程】

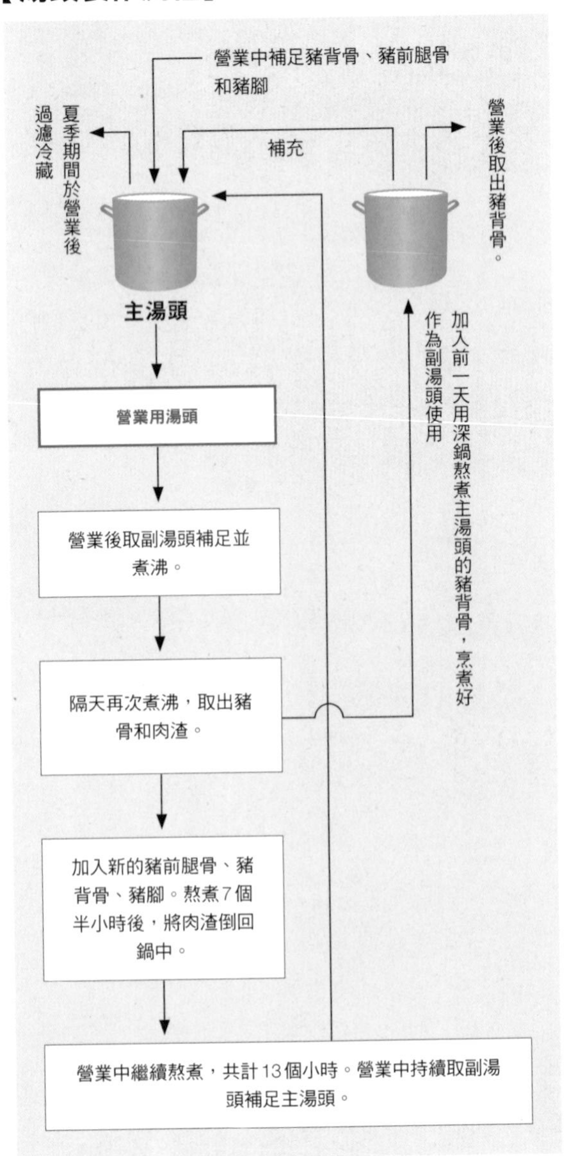

▶ 手揉麵

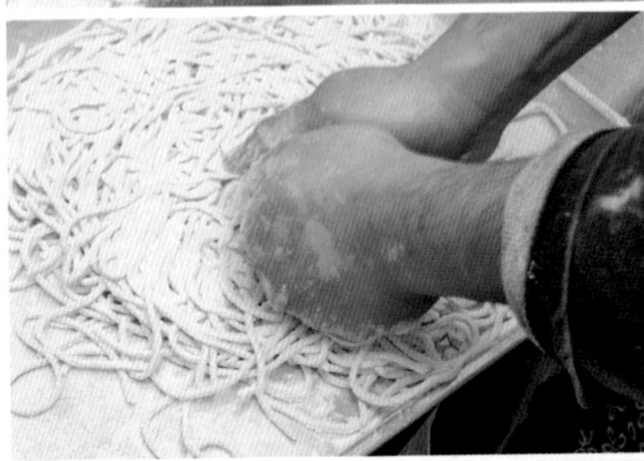

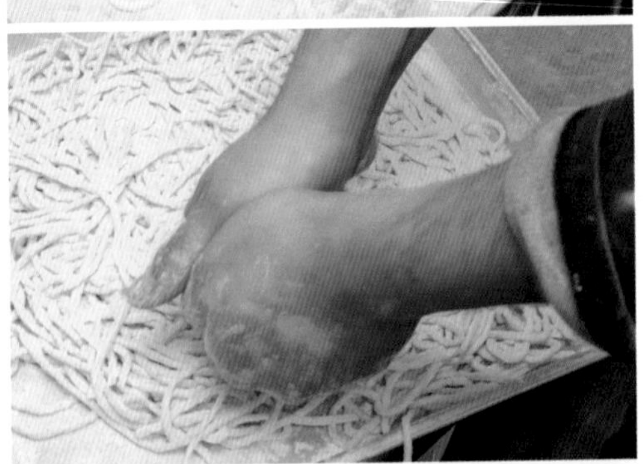

煮麵之前撒上手粉，用手揉捲麵條。從各個角度揉麵，使麵條能夠均勻受力，並且用拳頭輕壓麵條。未經熟成作業的麵條還有點硬，切記不要用力緊握。

主湯頭

將營業中剩下的湯頭和同分量的水倒入裝有熬煮13個小時的豬骨和湯頭的羽釜中。

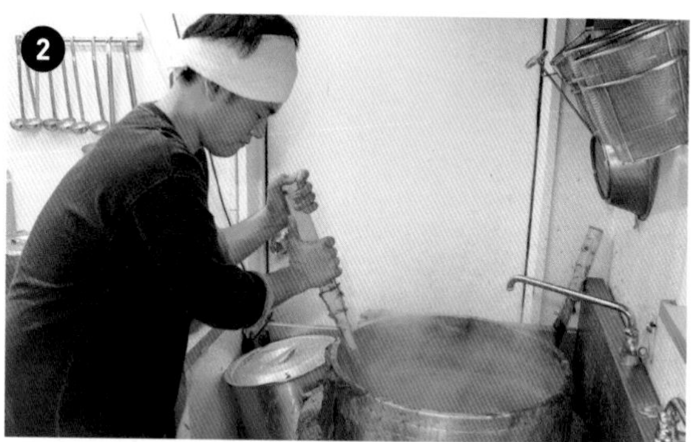

以大火熬煮2個小時左右，並且充分攪拌豬骨以促使釋放豬骨本身的香氣和美味。

隔天再次以大火加熱，加熱期間隨時攪拌一下豬骨，再一次讓豬骨釋放香氣和美味。

沸騰後轉為小火。撈起浮在湯頭表面的肉渣並取出豬骨。先將肉渣置於一旁備用，千萬不要丟掉。為了避免湯頭燒焦，取出豬骨時也不忘持續攪拌。將取出的豬骨用於熬煮副湯頭。

副湯頭

在副湯頭裡加水和熬煮主湯頭後取出的豬骨，蓋上鍋蓋以大火熬煮。沸騰後轉為小火。

在蓋上鍋蓋的狀態下，一直熬煮至打烊。熬煮過程中適度加水。營業期間如果主湯頭不夠了，隨時取副湯頭補足。打烊後再取出湯裡的豬骨。

取出豬骨後的湯頭若過於濃厚，加些水再次煮沸。這時的味道即湯頭的基底味道。

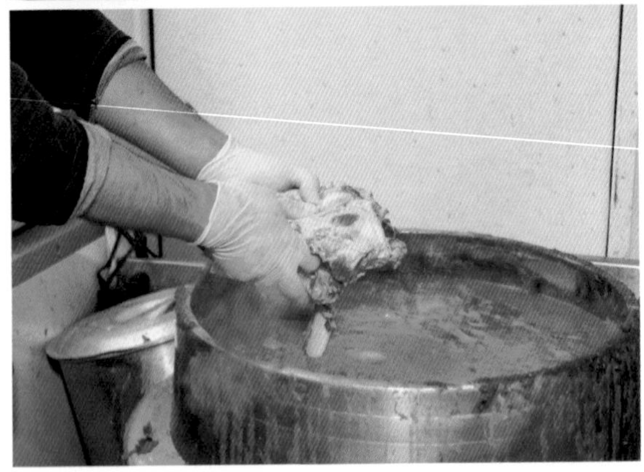

加入先用鐵鎚敲碎備用的豬前腿骨。水位下降後加入豬骨，必要時另外添加豬腳。沸騰後1小時左右即可作為營業用湯頭，但持續加熱有助於引出更濃郁的鮮味。

熬煮7個半小時後，將營業前取出的肉渣倒回鍋裡。添加一些副湯頭補足水位，作為營業用湯頭。熬煮湯頭的13個小時期間，濃度過高時添加一些副湯頭，並且視情況新增一些豬骨。

雞油

將日本產雞的脂肪和蔥綠部分放入水中熬煮，撈起浮在表面的油脂作為雞油使用。雞油用量並非固定不變，配合拉麵使用10～30毫升不等。加在湯裡讓整體味道更具層次與變化。

叉燒肉

使用豬五花肉製作叉燒肉。肉塊比較大時，用線緊緊綑綁，較小時則輕輕綑綁即可，這樣完成後的大小才會差不多。店裡的湯頭旨在呈現豬骨鮮味，所以不使用湯頭熬煮叉燒肉，而是直接使用調味醬熬煮。老滷汁的甜味較低，只有餘味殘留的程度。由於湯頭味道較為強烈，因此叉燒肉的調味盡量淡薄些。營業期間持續將叉燒肉浸泡在溫熱調味醬中，以利隨時提供客人熱呼呼的叉燒肉片。由於調味比較淡，長時間浸泡在調味醬裡也不會過於死鹹。

【材料】

豬五花肉、濃味醬油、白砂糖、味醂、料理酒、水

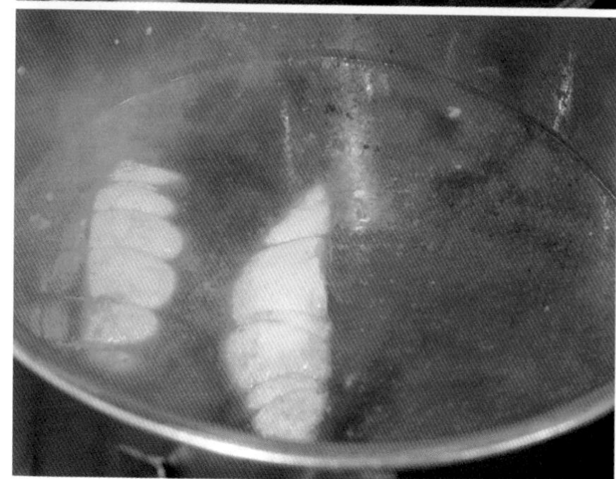

用濃味醬油、白砂糖、味醂、料理酒和水調製的老滷汁煮沸叉燒肉。味道若太淡，添加調味料加以調整。鍋裡的油脂太多也是破壞叉燒肉味道的原因之一，務必於前一天事先撈除浮在表面的油脂。

熬煮叉燒肉用的調味醬沸騰後，放入豬五花肉。再次沸騰後蓋上鍋蓋，繼續以小火熬煮。

沸騰後轉為中火，蓋著鍋蓋繼續熬煮2個小時。烹煮期間每隔20分鐘翻動一下豬五花肉，改變上下位置。覺得香氣不足時，添加一些濃味醬油。

2小時後關火，叉燒肉確實入味。將叉燒肉一直浸泡在調味醬裡保溫以避免脂肪結塊變硬。溫度下降後，暫時取出叉燒肉，再次加熱調味醬至沸騰。

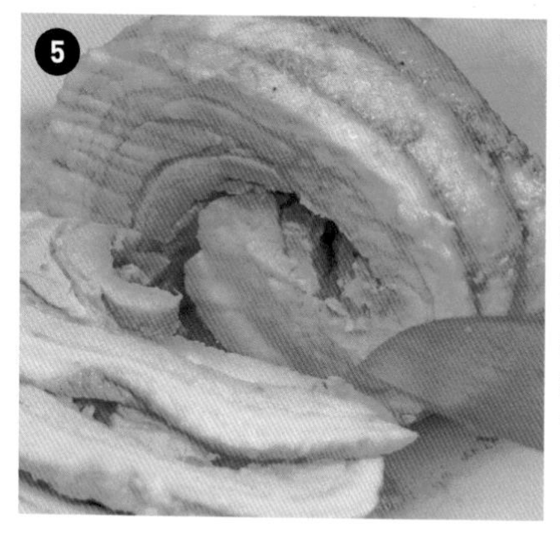

客人點餐後再取出叉燒肉切片，讓客人可以吃到熱呼呼的叉燒肉。叉燒肉一旦切片，剩餘部分不再放入調味醬中，改放在網架並置於鍋子上方保溫。

自家製麵 純

地東京都葛飾区立石8-3-6
席10坪／10席　時11時～14時30分（LO）、17時30分～20時45分（LO）　休週日　¥約1000日圓

土雞拉麵（醬油）【780日圓】

無化學調味料湯頭的主要食材為大山DORI雞的雞架骨，另外加入全雞和雞腳等萃取雞鮮味。除了從湯頭撈出的雞油，也添加名古屋交趾雞和比內土雞的雞油，進一步提升強烈雞味。店家自製低含水率麵條，容易吸附湯汁，也因為添加春戀全麥麵粉，麵條既順口又充滿小麥香氣。麵條搭配低溫烹調的叉燒雞肉和叉燒豬肉、以雞胸肉和豬絞肉製作的雞丸子、穗先筍乾、青蔥和海苔，既豐盛又美味。

於客人點餐後，才以小鍋取所需湯頭加熱。務必確認每一碗的味道後再提供給客人。

魚乾拌麵【850日圓】

拌麵使用粗麵，麵量約200公克。將醬油、味醂、酒、拌入砂糖的叉燒肉專用調味醬、等量的醬油調味醬倒入碗裡，然後再倒入魚乾油和魚乾拉麵用湯頭。最後再麵條上擺放豬背脂、低溫烹調的豬腰內肉、洋蔥、青蔥、撕碎的海苔、大蒜等配料就完成了。

追加乾拌麵【250日圓】

追加乾拌麵使用細麵，麵量約100公克。先在碗裡放入醬油調味醬、雞油和少量攪拌用的湯頭，然後放入麵條、青蔥、洋蔥、豬腰內叉燒肉、雞胸叉燒肉和8種混合一起的綜合魚粉。

準備小麥麵粉

將「春戀」麵粉和占整體3%左右的「春戀」全麥麵粉（粗研磨＆中研磨）倒入容器中混拌均勻。使用粗研磨麵粉的目的是增加視覺效果和香氣，使用中研磨麵粉的目的則是使麵條整體充滿小麥香氣。

前置攪拌作業

將事前混拌在一起的全麥麵粉和小麥麵粉倒入製麵機中，先進行前置攪拌作業1分鐘。店裡使用安全性高的大和製作所的製麵機。

攪拌作業

接著倒入鹼水液，繼續攪拌10分鐘，接著靜置熟成10分鐘後再進行粗整作業製成粗麵條。特別留意熟成時間若過長，麵團容易變硬。但冬季的熟成時間必須比夏季略長一些，隨季節更迭進行調整。

『自家製麵 純』的製麵方法與理念

嘗試過數十種麵粉，最終選擇「春戀」麵粉。最主要的原因是小麥的香氣和鮮味。而為了更加突顯這兩個特色，另外添加同為「春戀」系列的全麥麵粉。同時添加粗研磨和中研磨2種，除了使麵條整體充滿香氣，也為了增加視覺效果。店長三好啟友先生表示「目的是打造具嚼勁且香氣迷人、獨一無二的細麵」。讓麵條能夠和清澈的清湯基底湯頭互相契合。「土雞」等拉麵系列使用22號切麵刀裁切麵條，沒有湯汁的拌麵系列則使用14號切麵刀裁切成粗麵，每天營業前自製麵條。無論細麵或粗麵都是直麵，使用的小麥麵粉種類、搭配全麥麵粉的比例都一樣，但唯一的差異是加水率，細麵為32%，粗麵為36%，讓口感多些變化。為了讓客人能夠單純享受麵條的美味，店裡還提供「追加乾拌麵」，不同於沾麵的另外一種吃法。

【材料】

一次製作分量（※每天不盡相同，此為取材當天的情況）

「春戀」麵粉、「春戀」全麥麵粉（粗研磨＆中研磨）3%左右，共9公斤（約80份餐點）、水（淨水器水）、粉末鹼水（蒙古王鹼水）、鹽

※鹽和鹼水約為小麥麵粉的1%左右

準備鹼水液

將秤量好的水、粉末鹼水、鹽混合攪拌在一起，製作鹼水液備用。

複合作業

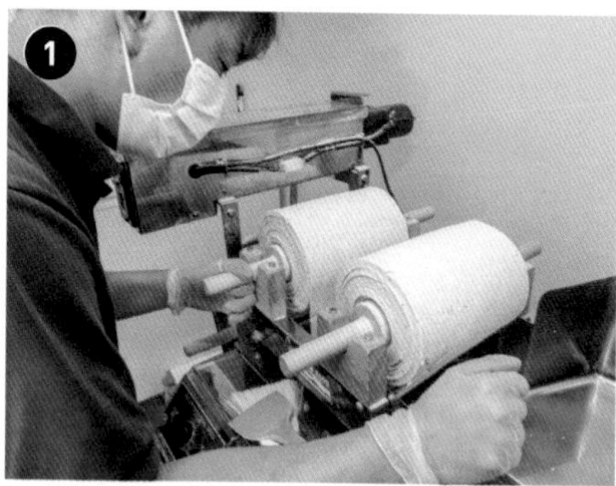

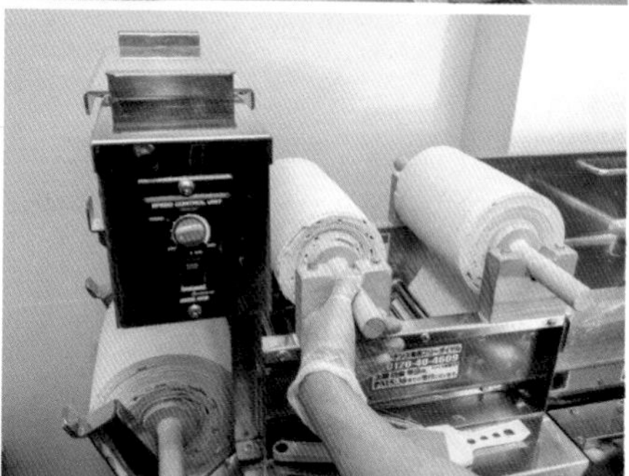

進行4次複合作業。將粗麵帶分成2捲，然後進行複合作業。第一次複合作業結束後，再次將麵片分成2捲，然後進行第二次複合作業。同樣步驟共重複4遍。只進行3次複合作業的話，切條時偶爾會出現斷裂情況，所以最理想的狀態是進行4次複合作業。4次複合作業後，用於細麵的麵片厚度為1．2毫米，用於粗麵的麵片厚度為1．9毫米。進行第四次複合作業的同時撒上手粉。

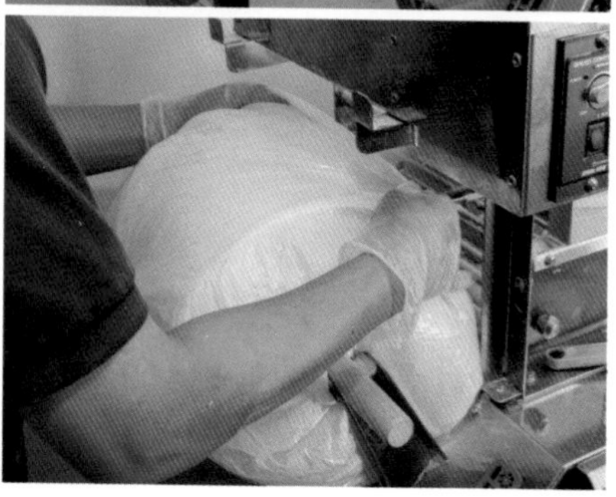

4次複合作業結束後，麵片表面非常滑順。套上塑膠袋以避免接觸空氣，置於常溫下20分鐘。

粗整作業

靜置熟成10分鐘後，用手再次確實攪拌呈肉鬆狀的麵團，然後碾壓製成粗麵帶。先用雙手攪拌呈肉鬆狀的麵團，結塊的麵團容易導致麵帶斷裂，所以攪拌的同時順便將比較大塊的麵團捏碎。整體細碎後再送進圓輥入口。將圓輥轉速設定為最快。

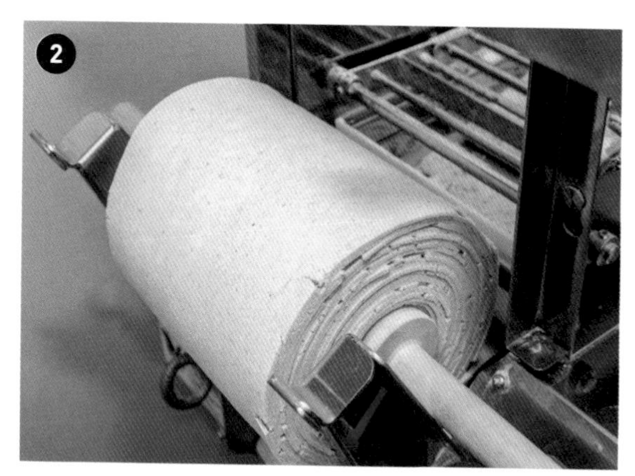

邊撒上手粉邊讓麵帶捲起來。使用玉米澱粉作為手粉。

煮麵作業

一球一球分開放在漏勺中煮麵。拉麵使用細麵，一球約150公克；拌麵使用粗麵，一球約200公克。追加乾拌麵則為100公克。用於拉麵的麵條烹煮時間為40秒，用於拌麵的麵條烹煮時間為50秒。烹煮拉麵用麵條的過程中，先將雞油、調味醬倒入碗中，並且以小鍋取一碗分量的湯頭加熱。每一碗湯頭都個別加熱處理，並且進行味道確認。煮好麵條後倒入碗裡，用筷子將麵條撥開撥順，最後擺上配料就完成了。

壓延・切條作業

邊壓延邊進行切條作業，將細麵最終厚度設定為1.2毫米，粗麵設定為1.9毫米。為了方便客人食用，麵條長度約為30公分。在裁切好的麵條上確實撒上手粉，避免麵條沾黏在一起。無論細麵或粗麵，皆為方形直麵。使用22號切麵刀切成細麵，使用14號切麵刀切成粗麵。細麵的加水率為32%，粗麵則為36%。

一球麵條約150公克，秤量後整齊排列於保存盒中。

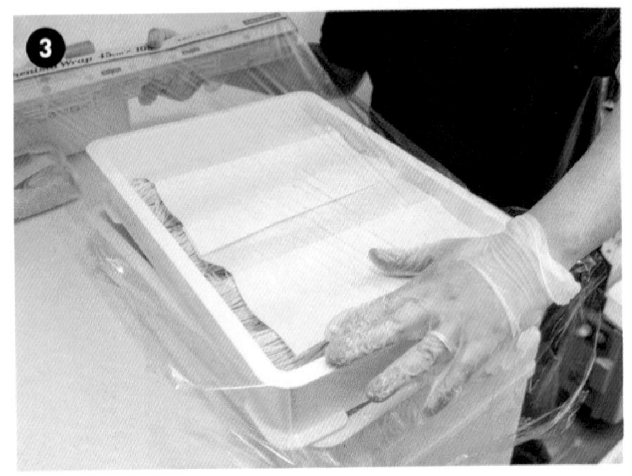

鋪一層餐巾紙後再包覆一層保鮮膜，置於冷藏庫熟成一晚後再使用。

『自家製麵 純』的清湯

湯頭材料以鳥取出產的大山DORI雞的雞架骨、雞腳、4隻全雞等雞素材為主。香氣濃淡適中，再另外添加豬背骨以增強鮮味。除了使用淨水外，店裡也多花費一點精力事前準備昆布出汁高湯來熬煮湯頭。其實也可以在湯頭即將完成的1小時前將昆布等乾貨倒入鍋裡一起熬煮，但店長為了避免乾貨本身的腥臭味影響整體鮮味，所以事前準備昆布出汁高湯，然後用出汁高湯來熬煮湯頭，並且熬煮一段時間後再將昆布放進鍋裡。每天熬煮湯頭，但完成後靜置冷藏庫一晚，於隔天再使用。

【材料】

雞架骨（大山DORI雞 20公斤）、雞腳（大山DORI雞 6公斤）、全雞4隻（大山DORI雞）、豬背骨（6公斤）、昆布出汁高湯、水（淨水器水）、昆布、蔥、生薑

【湯頭製作流程】

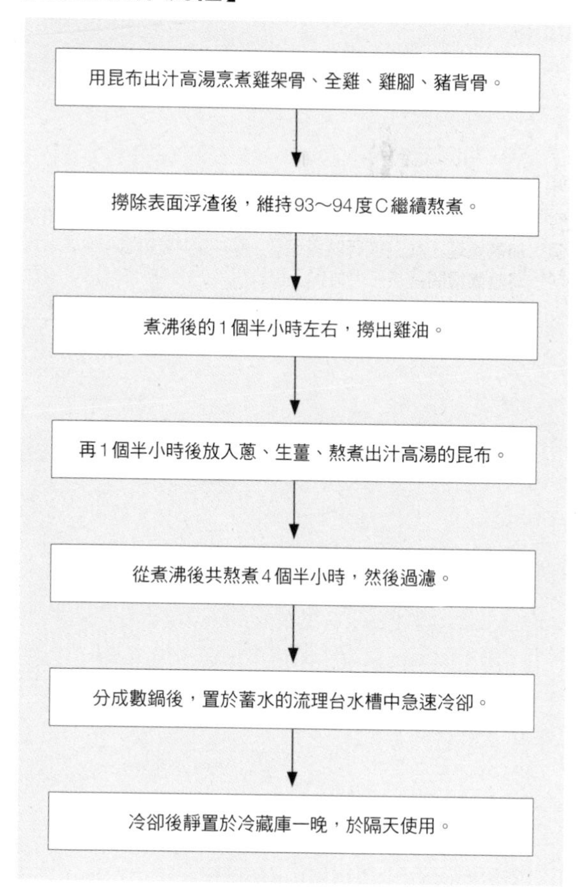

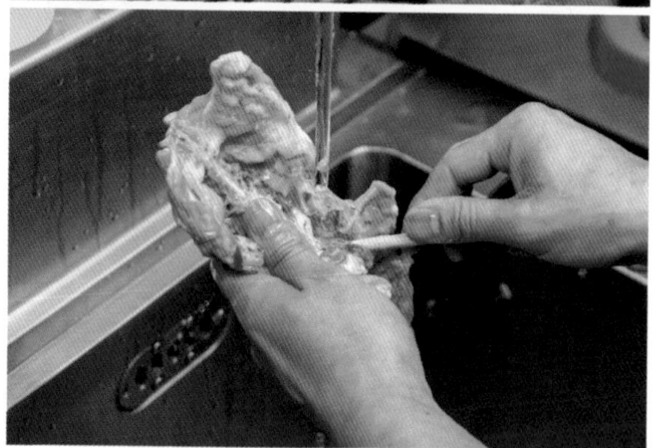

取出雞架骨的內臟。一開始先粗略處理，摘除不了的部分，最後再用棍棒仔細取出。

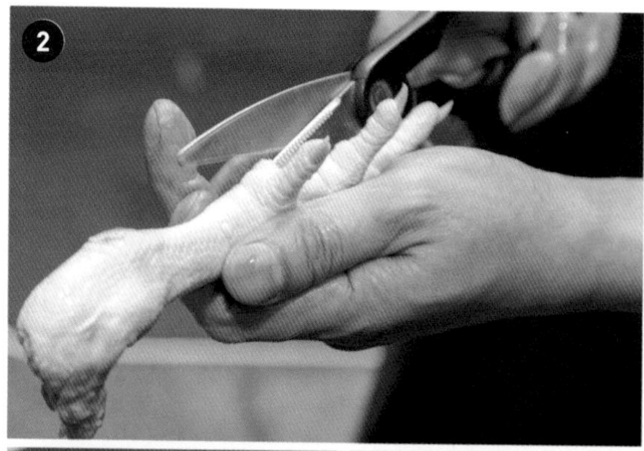

全雞部分也要將內臟取出，並且切掉雞腳。盡可能在雞肉上多劃幾刀，讓鮮味容易釋放至湯裡。進貨的時候若無法順利取得全雞，可以使用大山DORI雞的雞胸肉代替。雞腳部分，去皮後同樣多劃幾刀並清洗乾淨。雞腳除了可以增添鮮味，還可以增加湯頭濃度。處理豬背骨的時候，則是要將肌腱部分切除乾淨。

將雞架骨、全雞、雞腳、豬背骨依序放入深鍋裡。為了讓火力易於傳導，先將雞架骨排在鍋底，並於中央部位騰出一些空間放全雞。

然後再依序將雞腳和豬背骨往上疊放。豬背骨是用於增強鮮味。另外，以雞胸肉代替全雞的情況下，則最後才放入雞胸肉。

前一天將昆布浸泡於水裡準備昆布出汁高湯。先將昆布撈出來，將出汁高湯倒入放好雞素材的深鍋裡，加入適量的水後以不加蓋方式用大火熬煮1個小時以上。基本上使用淨水器過濾的淨水，但依據使用的食材也可能改用讓味道更溫醇的π水。

沸騰後確實撈出浮在表面的雜質和浮渣。白色泡沫是鮮味所在，所以只撈除褐色且混濁的浮渣。撈除乾淨後將火候調小，以93～94度C的溫度熬煮4個半小時左右。原則上，維持一定溫度後就不要再攪拌。

煮沸後的1個半小時左右，撈出1公升的雞油。從湯頭撈出的雞油帶有雜味，所以另外搭配熬煮名古屋交趾雞、比內土雞所產生的雞油，以1：1的比例混合在一起使用。

煮沸後的3小時左右，放入蔥、生薑等調味蔬菜，以及先前撈出來的昆布。太早將昆布放進去，香氣容易跑掉也容易產生鹼味，所以選在這個時間點才放進去。

煮沸後約莫4個半鐘頭後關火，撈出食材的同時，用二層篩網過濾湯頭，上層為粗網格，下層為細網格篩網。

湯頭過濾好之後，分別倒入數個深鍋，並且放在蓄水的流理台水槽中急速冷卻。恢復至常溫後再靜置於冷藏庫裡，於隔天使用。

『自家製麵 純』的醬油調味醬

醬油調味醬使用HIGETA「本膳」醬油等4種醬油調製而成。使用多種醬油是為了避免味道過於單調，另外添加鹽汁、羅臼昆布、乾香菇、乾蝦、節類等乾貨則是為了增加鮮味。為了讓乾貨充分增添鮮味，完成調味醬後先暫時不取出，等到客人點餐後，才取所需分量過濾後使用。

【材料】

HIGETA本膳醬油、濃味醬油、淡味醬油、再釀造醬油、味醂、鹽汁、羅臼昆布、乾香菇、乾蝦、鰹魚厚切柴魚片、鯖魚厚切柴魚片、大蒜、岩鹽

將4種醬油和味醂、鹽汁混合在一起，以小火加熱讓溫度慢慢上升至70度C。特別留意溫度如果一下子上升太快，不僅容易燒焦，調味醬也會變得太鹹。使用多種醬油的目的是避免味道過於單調。淡味醬油主要用於調節湯頭的顏色和味道，鹽汁則用於增加乾貨的鮮味。

加熱至70度C後，放入搗細碎的乾貨等其他食材。就算乾貨的用量不多，只要搗成細碎，都有助於使味道更為濃郁。先加熱醬油再放入乾貨，香氣和鮮味會更加強烈。放入乾貨後即可關火。

乾貨能夠散發強烈鮮味，所以直接留在調味醬裡就可以了。於客人點餐後再過濾放入碗裡。

『自家製麵 純』的豬腰內叉燒肉

使用豬腰內肉製作叉燒肉，基本上每天製作一次。以3公斤的豬腰內肉為例，每天要先製作1.5公升的鹽醃液備用。將浸泡在鹽醃液裡的豬腰內肉靜置於冷藏庫一晚，隔天再調整形狀並以低溫烹調。

低溫烹調後放入平底鍋裡，不使用任何油類煎至表面呈金黃色，並於客人點餐後再切片。通常一碗拉麵裡有一片豬腰內叉燒肉，特製品項則有二片。

【材料】

豬腰內肉、鹽醃液（水、砂糖、鹽、紅辣椒、大蒜）

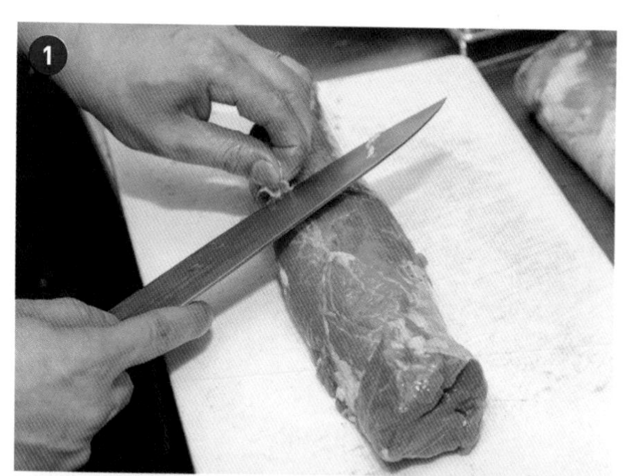

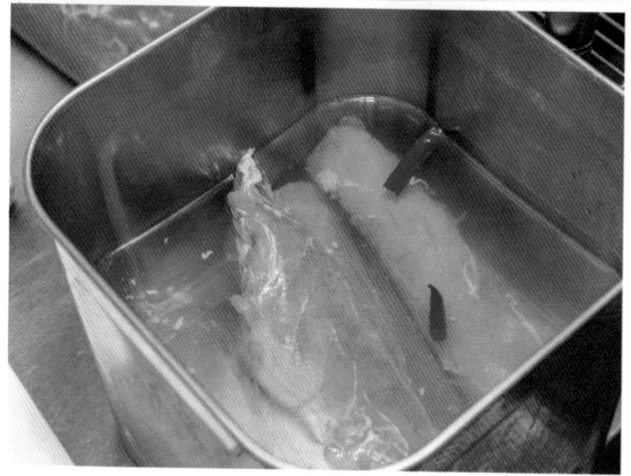

豬腰內肉去筋備用。將砂糖、鹽、紅辣椒、大蒜和1.5公升的水放入鍋裡煮沸，製作鹽醃液。將去筋的豬腰內肉放入冷卻的鹽醃液中。

『自家製麵 純』的鹽味調味醬

以栗國鹽為主，混合岩鹽和伯方鹽，另外加入白葡萄酒、鹽汁、淡味味醂、白醬油，加熱至70度C。鹽類溶解後加入乾貨，讓味道更具深度。乾貨種類不同於醬油調味醬，除了同樣使用羅臼昆布、乾蝦、乾香菇外，以白碟海扇蛤干貝取代鰹魚厚切柴魚片和鯖魚厚切柴魚片。

【材料】

鹽（栗國鹽、岩鹽、伯方鹽）、白葡萄酒、鹽汁、淡味味醂、白醬油、羅臼昆布、乾香菇、乾蝦、白碟海扇蛤干貝

將鹽、白葡萄酒、鹽汁、淡味味醂、白醬油倒入鍋裡，加熱至70度C，鹽類溶解後再加入乾貨。

『自家製麵 純』的雞叉燒肉

雞叉燒肉主要使用大山DORI雞的雞胸肉部位。和豬腰內叉燒肉一樣低溫烹調，但烹調前先浸泡在芝麻油、生薑和青蔥調製的醃漬液裡增添香氣。另外，烹調前先在雞胸肉上抹鹽巴的話，容易因為肉質過於紮實而吃起來柴柴的，所以先經過60度C低溫烹調1小時後再撒上天然鹽。

【材料】

雞胸肉（大山DORI雞）、芝麻油、青蔥

將生薑和青蔥放入芝麻油裡，以中火拌炒。

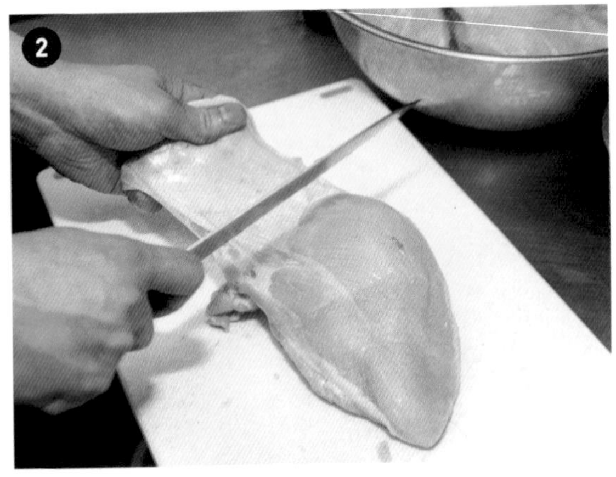

切除大山DORI雞雞胸肉的血合肉和雞皮。

靜置於冷藏庫一晚熟成，恢復常溫後再用保鮮膜包捲成型。

將保鮮膜包捆的豬腰內肉放入夾鍊袋中，以57度C的溫度低溫烹調1小時40分鐘。

取出低溫烹調後的豬腰內肉，在開店營業前放入平底鍋裡，不使用任何油類煎至表面呈金黃色。於客人點餐後再切片盛裝。

從上方澆淋使用芝麻油調製的醃漬液。

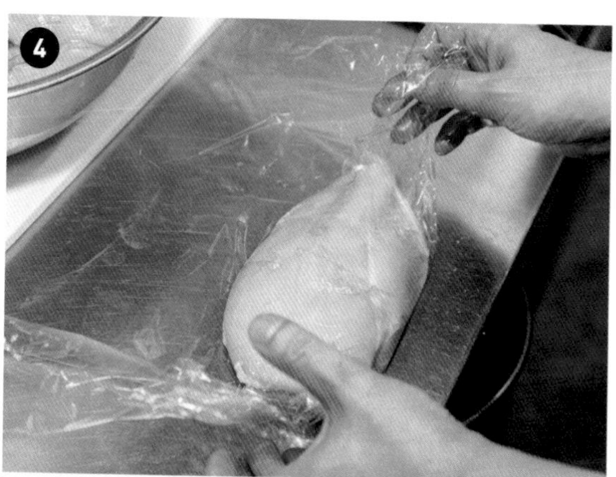

用保鮮膜將雞胸肉包捲成型，一邊捲一邊將空氣擠出來。包捲過程中，多餘的部分用於製作配料雞丸子。切除的雞皮則用於製作柑桔醋醬佐雞皮等小菜。

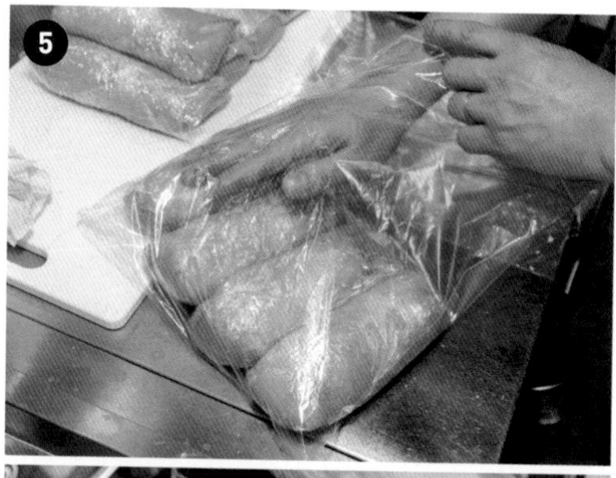

置於冷藏庫熟成一晚，隔天以60度C低溫烹調1小時。烹調前先抹鹽調味的話，雞肉容易因為過於紮實而吃起來柴柴的，所以烹煮後再趁熱撒上天然鹽。

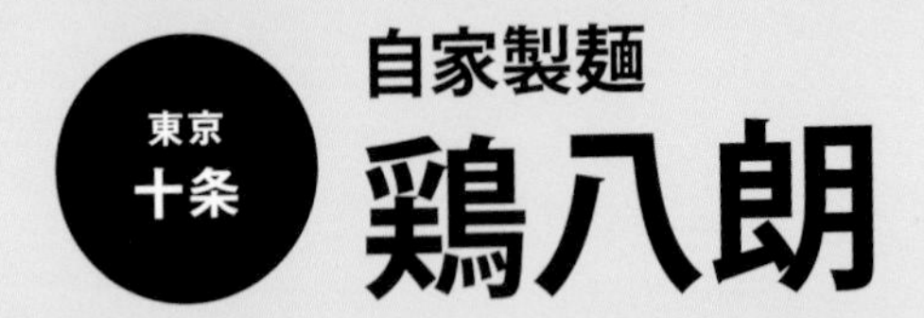

自家製麵 鶏八朗

地東京都北区上十条1-19-7
席10坪不到／6席　時11時30分～14時、18時～21時（需事前確認）　休週四、週日　¥750日圓

雞朗拉麵【700日圓】

鹽味湯頭的基底食材是雞後腿肉。取3個深鍋並列在一起，最少烹煮3天，15個小時以上，才能確實萃取食材的鮮味並打造具有深度和層次的味道。而為了製作具有彈牙口感的麵條，使用多半用於製作烏龍麵條的中筋麵粉。配料包含雞叉燒肉、魚粉、高麗菜等蔬菜。另外，可以依個人喜好增加蔬菜量、油脂、大蒜、魚粉、七味粉等，全都是免費供應。其中店長特別推薦七味粉，有助於增添湯頭的鮮味和深度。

倒入湯頭，放入麵條，再擺上高麗菜、豆芽菜、蔥花、鯡魚粉和鰹魚粉、雞叉燒肉等配料就完成了。

攪拌作業

將鹼水液倒入攪拌機中，一次全部倒進去。夏季製作麵條時，鹼水液減少至100毫升。基本上憑感覺增減，不會秤量到絲毫不差。若覺得水分過多，就調整煮麵時間。因為水分會逐漸蒸發，麵條於營業開始時和結束時略有不同，因此煮麵時間也略微增減30秒左右。先攪拌3分鐘左右，然後暫停一下並用手撥動麵粉和水沒有均勻拌勻的地方，接著繼續攪拌7分鐘。店裡使用新宿吉野麵機有限公司的製麵機。

粗整作業

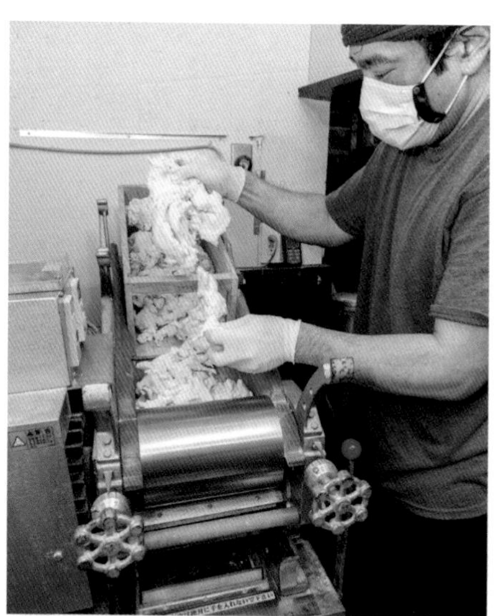

由於是高含水率麵條，麵團結塊的情形比較嚴重，務必捏碎後再送進圓輥入口。加大圓輥寬度，碾壓製成較具厚度的麵帶。

『八朗』的製麵方法與理念

使用中筋麵粉是因為喜歡烏龍麵的口感，所以特別製作成充滿烏龍麵風味的麵條。嘗試過將近10種麵粉，才終於找到最合適，也就是目前所使用的這種麵粉。

理想中的麵條是「每天吃也不會膩，具有獨一無二的美味」。比起「好吃」，更重視其他店家「吃不到」的獨特性，以打造「打著燈籠沒處找」的味道為目標。

【材料】

一次製作分量（※每天不盡相同，此為取材當天的情況）

中筋麵粉「麵一筋」（8公斤）、水（淨水器水）約3000毫升、黃色食用色素、太洋號粉末鹼水約80公克（小麥麵粉的1%）

準備鹼水液

將水、黃色食用色素、鹼水混合在一起製作鹼水液。為了製作黃色麵條，刻意添加黃色食用色素，但有時會視情況而不加色素。另外，以前會額外添加食鹽，但因為造成湯頭鹽分過高，目前不再使用了。

▶ 切條作業

營業前進行切條作業，只裁切當天所需分量。使用15號切麵刀。以前使用10號切麵刀，但一整天下來麵條狀態容易產生變化，因此目前改用15號切麵刀，不僅麵條較細，穩定度也較佳。應該是因為粗麵條接觸空氣的面積較大，導致口感和味道容易產生變化。

裁切麵條時順便秤量並盤成球狀。正常麵量為150公克。另外，為了方便女性客人食用，麵條普遍較短。剛開始圓輥的轉動還不夠穩定，所以前面3球會另外置於一旁作為備用。將麵條輕輕在板子上敲一下以甩掉多餘手粉，整齊排列在保存盒裡。為了避免麵條沾黏在一起，動作要盡量迅速俐落些。

自製透明板將製麵機圍起來，避免營業中產生的油脂噴濺到製麵機上。

▶ 複合作業

進行2次複合作業。將粗麵帶分成2捲，並且加大圓輥寬度，複合成比粗麵帶更厚的麵片。進行第二次複合作業時，圓輥寬度再加大，讓麵片再更厚一些。

▶ 壓延作業

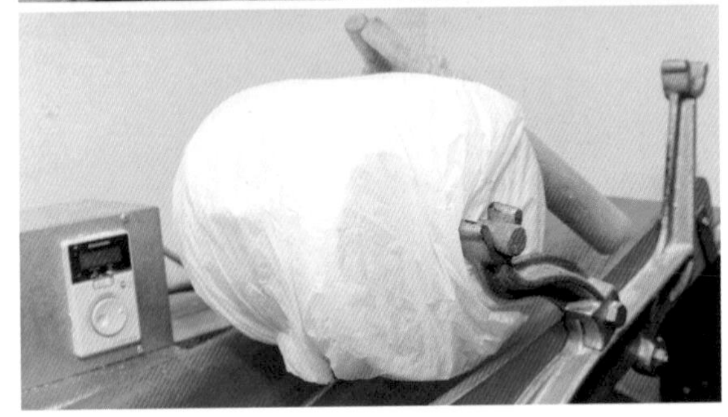

複合作業和熟成作業後各進行一次壓延。第一次壓延作業後，套上塑膠袋靜置熟成3個小時。熟成後再進行一次壓延作業，圓輥寬度和粗整作業時一樣。麵片最終厚度為7毫米。

鹽味調味醬

使用一種苦味鹽和二種甜味鹽，另外搭配料理酒、味醂、黑砂糖和壺底醬油調製而成。店長是沖繩人，慣用平時較為熟悉的沖繩黑砂糖、沖繩食鹽，以及蒙古產岩鹽。另外，壺底醬油味道較為濃郁，用量只需要一點點就夠了。

雞叉燒肉

將熬煮湯頭的雞後腿肉醃漬在專用調味醬中，於客人點餐後再以平底鍋用大火煎至表面呈金黃色，然後撒上白胡椒粉。

風味油

以背脂和雞油為基底，搭配店裡特製的大蒜油。

▶ 煮麵作業

煮麵之前先稍微撥散麵條。煮麵時間約45～50秒。使用計時器計時，一次最多煮3球麵條。

▶ 湯頭

湯頭的食材包含日本產雞後腿肉、背脂、日高昆布的根昆布、大蒜。3天內分3個階段熬煮湯頭。每天熬煮5個小時左右，3天共計15個小時。營業前務必確認湯頭味道，如果對成果不滿意，當天可能會休業重新熬煮一遍。以雞後腿肉為基底，主要是因為店長喜歡創作限定拉麵，當食材的契合度高，自然能創作出充滿各種變化的湯頭。畢竟豬肉的限制性大，難以打造豐富的變化性。

千葉
市川

支那ソバ 小むろ

地千葉県市川市末広1-18-13
席15坪／吧台6席、4人桌有3桌 時10:00～17:00 休週二
¥1000日圓

餛飩麵（醬油）【980日圓】

醬油味湯頭的調味主要來自醬油調味醬，使用HIGETA醬油公司的「本膳」醬油搭配出汁高湯和調味料，並且靜置熟成長達5天。最後再淋上蔥油（用豬油酥炸大蒜和蔥）增加香氣。配料除了餛飩外，還有加拿大產的豬五花叉燒肉（醃漬在叉燒肉專用調味醬裡3個小時，然後以140度C烤箱烘烤）、長蔥、花4天泡水恢復原狀後再調味的筍乾和海苔。

深受客人喜歡的餛飩滑溜順口，可以同時滿足視覺與味覺。經過熟成步驟，餛飩皮更加充滿嚼勁，建議當天製作的餛飩盡可能於當天使用完畢。

沾麵（鹽味）調味溏心蛋【1000日圓】

沾麵和支那拉麵使用相同的麵條。鹽味調味醬則用3～4種食鹽混合在一起，並且靜置於冷藏庫裡2天之後才使用。為了避免麵條糾結成一團，煮麵之前先用手稍微撥散，讓麵條可以確實在水裡游動。接著用平面篩網瀝水後放入冷開水中，讓麵條更具彈性。如同支那拉麵的擺盤，將麵條整齊排列於碗中。雖然偏好醬油口味的人居多，但也有4成左右的客人對鹽味情有獨鍾。

支那拉麵和沾麵使用相同的麵條。支那拉麵的正常麵量為1球160公克，但沾麵為1球240公克。

攪拌作業

先將小麥麵粉倒入攪拌機中進行前置攪拌作業，接著將鹼水液倒入品川麵機出產的製麵機中，攪拌6分鐘。第二次攪拌時，為了避免麵團溫度上升，稍微調降轉速並繼續攪拌13分鐘。基於麵團具有十足彈性的特色，店裡也同樣使用「牛若」小麥麵粉製作餛飩皮。

粗整作業

隨時以溫度計量測溫度，讓麵團保持在26度C以下。小心捏碎結成一大塊的麵團，盡量讓整個麵團維持在最理想的24.5度C。

『支那ソバ 小むろ』的製麵方法與理念

店長小室晋介先生原本任職於名店「かづ屋」，以打造「色香味和口感如協奏曲般和諧的麵條」為目標，製作麵條時，秉持不會過於紮實，也不會過於軟爛的原則，期許自己能做到「湯頭與麵體融合後的天然美味」。店裡使用的小麥麵粉是日穀製粉的準高筋麵粉「牛若」，揉成麵團時具十足的彈性，除了麵條外，也非常適合製作成餛飩皮。鹼水和食鹽用量各為小麥麵粉的1%，而相對於8公斤的麵粉，必須使用2顆全蛋，這些都是經過無數次的嘗試所得到的最終心得。碾壓製成粗麵帶時，最佳溫度為24.5度C。另外，只壓延一次的話，麵團容易因為承受太大壓力而影響口感，因此基本上會進行2次壓延作業。煮麵時盡量讓麵條在鍋裡游動，然後使用平面篩網瀝水，這樣滑溜順口又具有嚼勁的麵條就大功告成了。

【材料】

一次製作分量（※每天不盡相同，此為取材當天的情況）

小麥麵粉（準高筋麵粉「牛若」）8公斤、水（淨水器水）、粉末鹼水（小麥麵粉的1%）、烤鹽（小麥麵粉的1%）、全蛋2顆

準備鹼水液

將秤量好的水、鹼水、鹽和全蛋混合在一起，製作鹼水液備用。加水率為36%。

壓延作業

靜置熟成20分鐘後，接著進行壓延作業。單一次的壓延作業恐會造成麵團因承受太大壓力而影響口感，所以分2次進行。最終厚度也會因季節而異，不硬性規定厚度，而是隨時視情況調整。

進行第二次壓延作業時，像是塗抹的感覺快速撒上手粉以避免麵團沾黏。將手粉裝在瓶罐裡，並在瓶口處套上紗布。基於打造「色香味和口感如協奏曲般和諧的麵條」的目標，製作麵條時多留意不會過於紮實，也不會過於軟爛的原則。最理想的狀態是「湯頭與麵體融合後的天然美味」。

切條作業

從上方撒手粉，然後進行麵條裁切作業，使用22號圓形切麵刀，麵條長度略短於30公分。

複合作業

進行2次複合作業。將粗麵帶分成2捲，進行複合作業合併在一起。

表面變得非常滑順的狀態。第二次複合作業結束，進入壓延作業之前，先將麵團靜置熟成20分鐘。夏季的熟成時間約15分鐘，冬季約30分鐘，依季節更迭調整時間。

煮麵前置作業

為了防止麵條糾結成一團，煮麵之前先用手將麵條撥散備用。

支那拉麵的麵量（正常麵量）為一球160公克，將麵條稱量後整齊排列於保存盒中。而沾麵雖然使用和支那拉麵一樣的麵條，但正常麵量為一球240公克，於客人點餐後才秤量。基本上，製作好的麵條先置於冷藏庫裡熟成一晚後才使用，但有時因應情況所需，也會早上製麵，當天晚上營業時使用。

煮麵作業

煮麵時留意火候，盡量讓麵條在熱水中游動。支那拉麵的煮麵時間為1分鐘，沾麵為1分30秒。起鍋後置於冷開水中，讓麵條更具彈性。不刻意使用計時器，只用廚房裡的時鐘計時。

用長筷子將麵條撈至平面篩網上。撈麵的難易度會受到麵條狀態的影響，例如麵條比較紮實的情況，容易因為太滑溜而夾不起來。將麵條整齊擺放在盛裝好湯頭的碗中，最後放入配料就大功告成。

店內

製麵機擺放在店裡面最角落的房間，活用先前居酒屋時的包廂空間。但為了讓店內整體空間有寬敞和開放的視覺感，所以採用陳列室的設計。

▶ 攪拌作業

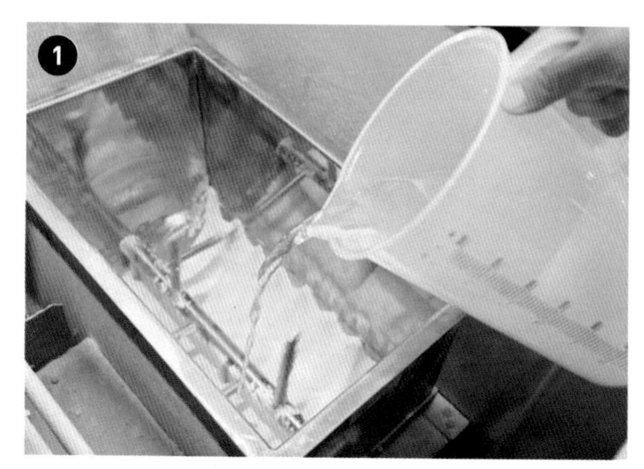

前置攪拌作業後，進行2次攪拌，一次2分鐘。過度攪拌容易使麵片的嚼勁過於強烈而變得不爽口，所以切記攪拌時間勿過長。最終目標是滑順口感。

為了縮短攪拌時間，將攪拌機轉速調整至最快。加水率45%。

▶ 粗整作業

小心地將結塊麵團捏碎。依過往經驗來判斷麵團大小。

『支那ソバ 小むろ』的餛飩皮

有一半以上的客人必點店裡的人氣商品－餛飩，製作餛飩皮時也是同樣使用「牛若」小麥麵粉。之所以選擇這款麵粉，是基於延展至最薄也不容易破裂的特性。再加上鹼水和食鹽的用量是製作麵條時的一半，以及改以烤鹽取代精製鹽，麵皮變得更不容易破裂。但基於餛飩皮的嚼勁不能太強，務必留意不要過度攪拌麵粉，因此相對於製作麵條時需要攪拌19分鐘，製作餛飩皮時只需要攪拌4分鐘，而且必須將攪拌速度調快一些。另外，為了製作「又薄又不容易破裂的麵皮」，將複合作業次數設定為3次。完成後的餛飩皮兼具視覺與味覺，雖然希望製作出比「かづ屋」更具滑順口感的麵皮，但幾經無數次的嘗試，也只能做到近乎「かづ屋」的程度。在內餡部分，主要使用分量十足的豬絞肉，但基於和清湯基底湯頭的契合度，盡量將口感調配得輕盈些，同樣留意不要攪拌過度。

【材料】

小麥麵粉（準高筋麵粉「牛若」）4公斤、水（淨水器水）、粉末鹼水（小麥麵粉的0.5%左右）、烤鹽（小麥麵粉的0.5%左右）

▶ 準備鹼水液

將水、鹼水、鹽混合在一起製作鹼水液。現在改以烤鹽取代精製鹽，不僅餛飩皮不易破裂，麵條也更具嚼勁。

切條作業

於麵片上畫一刀，將麵片自圓輥上拿下來。然後分割成餛飩皮的形狀。最終大小為10×10公分，先以菜刀確認大小後再切割。

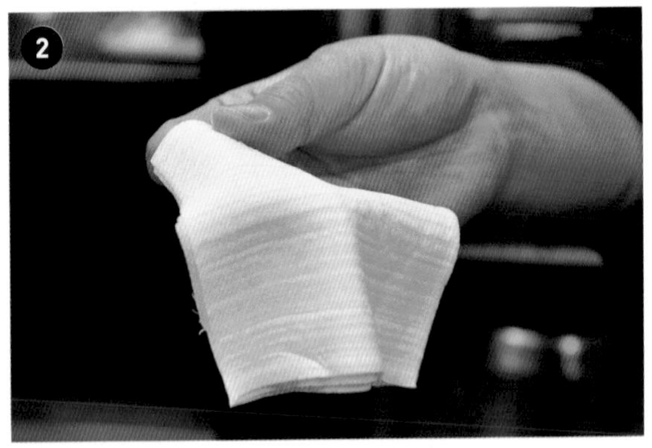

觸摸完成後的餛飩皮，最理想的狀態是滑順又柔軟。

複合作業

進行3次複合作業。為了製作又薄又不易破裂的麵片，複合作業比製作麵條時多一次。進行複合作業時，用手幫忙壓住麵帶。

壓延作業

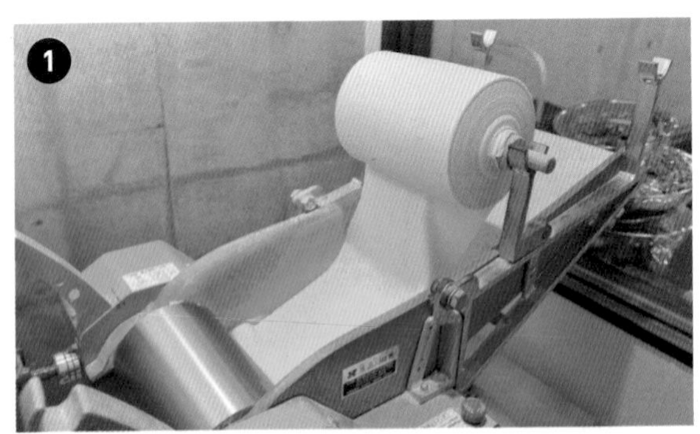

進行1次壓延作業，作業的同時撒上手粉。沒有固定厚度，但盡量壓延至最薄，以烹煮過程中麵片不會碎裂為原則。

為了將手粉均勻且薄薄一層撒上麵片上，用刷毛輕輕刷過麵片並進行壓延作業。

『支那ソバ 小むろ』的叉燒肉

叉燒肉調味醬使用的食材包含醬油、砂糖、味醂、蠔油、蜂蜜、紹興酒、甜麵醬、洋蔥、生薑，以食物調理機攪拌細碎。蜂蜜的主要功用是軟化肉質，而且甜味也不會過於強烈。挑選豬五花肉時，特別指定肉質較好且較為紮實的豬五花肉。調整形狀所切下來的邊肉，則用醬油調味醬和湯頭、三溫糖、紹興酒以文火熬煮3～4個小時，用於副餐的「燉肉飯」。

使用加拿大產的豬梅花肉，切除邊緣不整齊的部分，然後醃漬在專用叉燒肉調味醬中3個小時左右。

將芝麻油塗抹在豬肉表面，用140度C的烤箱烘烤45分鐘。

餛飩餡料

將豬絞肉、洋蔥、長蔥、生薑、醬油調味醬、胡椒、蠔油、紹興酒、芝麻油混合攪拌在一起製作餛飩內餡。分量也是幾經修正，才終於比較接近「かづ屋」的口味。餡料於前天做好備用，熟成一晚後才包入餛飩皮中。用中式菜刀將長蔥切成粗蔥花，保留口感。

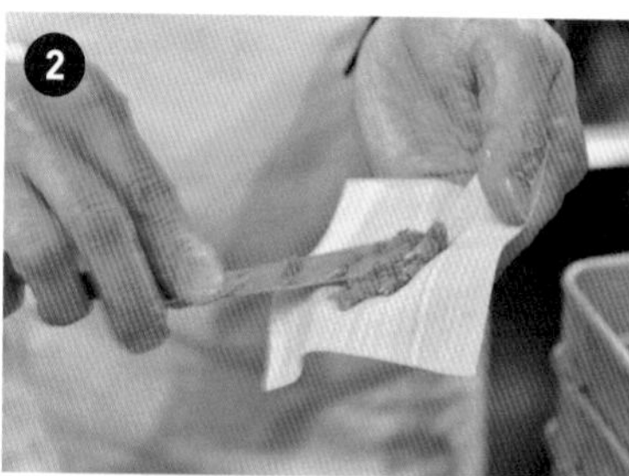

店裡餛飩的最大特色是皮大餡料多。為了餡料和清湯基底湯頭的契合度，切記不要攪拌過度，務必讓口感鬆軟輕盈。將包好的餛飩排列在托盤中。餡料因熟成作用而容易出筋，所以盡量於當天或隔天使用完畢。

煮餛飩

烹煮時間為4分鐘。優先於麵條放入鍋裡烹煮，但最後才撈出來。撈出後直接放入碗裡就完成了。

『支那ソバ 小むろ』的

動物基底高湯的主要食材是雞架骨和全雞，豬前腿骨只用於提味。靜置一天的動物基底高湯和鰹節、鯖節、小魚乾的魚貝基底高湯以1：1的比例混合在一起，讓魚貝風味慢慢散發出來。小魚乾部分使用瀨戶內的白口（日本鯷魚）魚乾，為避免產生腥臭味，選用體型較小的魚乾。將熬煮好的動物基底高湯分2次和日式高湯混合在一起，讓味道能夠更加均勻融合。

【湯頭製作流程】

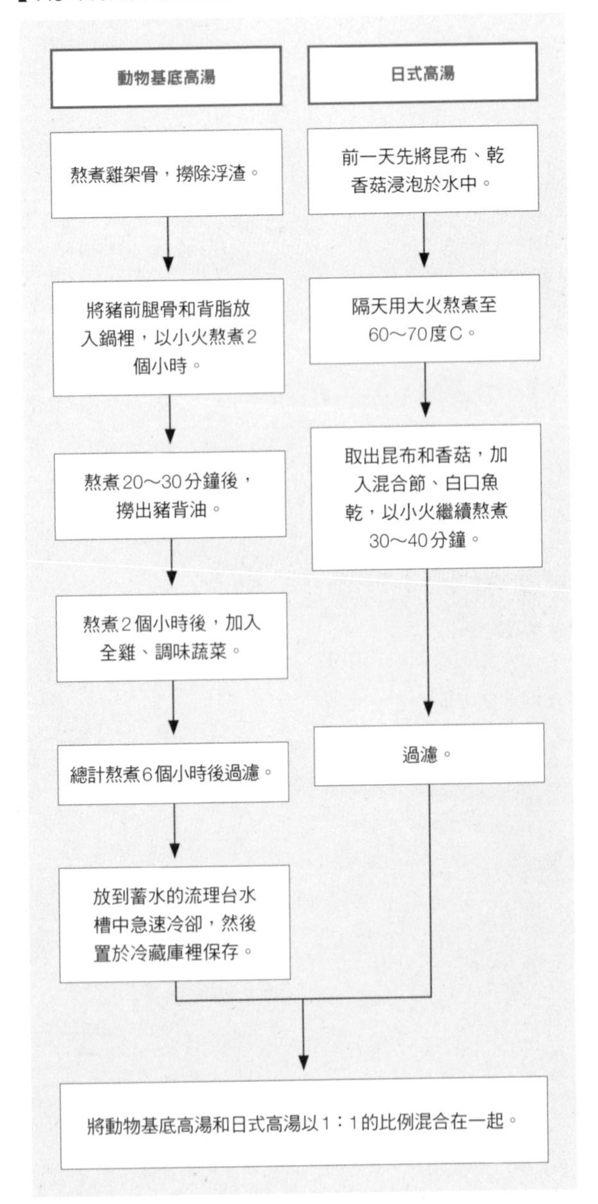

烘烤後靜置2個小時，放涼後再使用。當天烤好的叉燒肉用於叉燒拉麵，而前天剩下的叉燒肉則用於副餐飯類。

◎ 單點叉燒肉【420日圓】

喜歡吃叉燒肉的人，除了叉燒拉麵外，也可以單點叉燒肉。叉燒拉麵和單點叉燒肉所使用的叉燒肉和作為一般配料用的叉燒肉不太一樣，通常會使用油脂較多的部分。

將火力調整為文火，蓋上鍋蓋熬煮2個小時左右。將用於配料的背脂也放進去，約20～30分鐘後取出。

熬煮2個小時後的狀態。放入用清水洗淨的全雞、調味蔬菜。調味蔬菜的功用是去除腥臭味，所以用量無須太多。繼續熬煮，從第一次沸騰後共計熬煮6個小時，然後關火。

動物基底高湯

【材料】

日本產冷凍雞架骨（10公斤）、去內臟全雞（淘汰的蛋雞）、豬前腿骨、水（淨水器水）、洋蔥、蔥綠、搗碎的大蒜、生薑

營業之前熬煮隔天使用的湯頭。將冷凍雞架骨直接放入深鍋裡，加水後以大火熬煮1個小時左右。

沸騰前將浮渣撈除乾淨。用洗乾淨的鐵鎚敲碎豬前腿骨後放入鍋裡，豬前腿骨的用量無須太多，只要夠提味就可以了。

日式高湯

【材料】

真昆布、乾香菇、鰹魚和鯖魚的混合節、白口魚乾（小尾）

前一天將真昆布和乾香菇浸泡在水裡出汁備用。隔天以大火加熱至60～70度C。

溫度達60～70度C後，取出昆布和香菇，放入鰹魚和鯖魚的混合節、白口魚乾。以小火熬煮30～40分鐘。

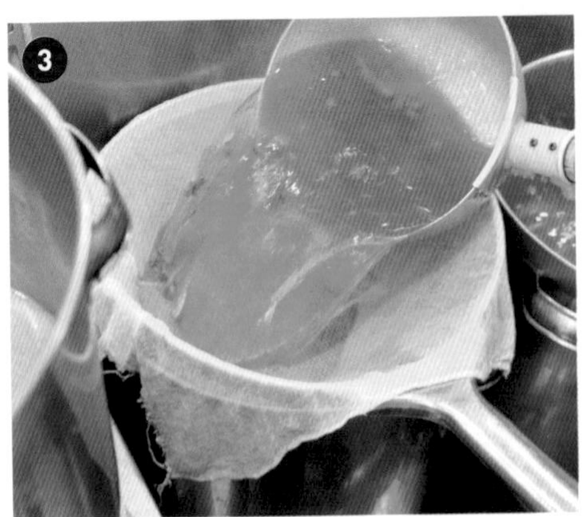

關火，在篩網上鋪一層紗布並過濾高湯。

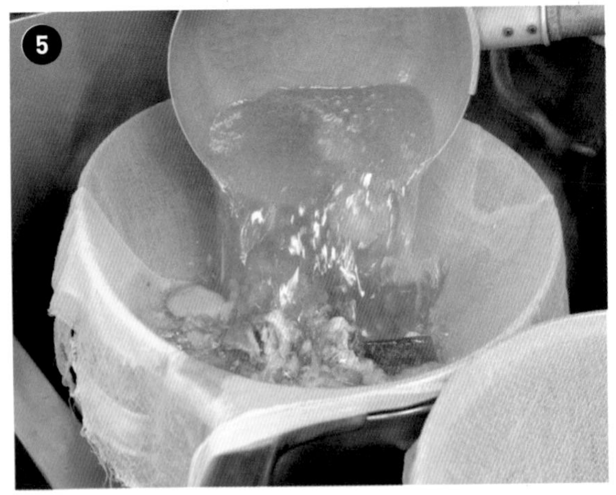

在篩網上鋪一層紗布，使用3個20公升的深鍋依序過濾湯頭。用小鍋像是壓碎食材般，邊攪拌邊過濾。

用小鍋交替舀起3個深鍋裡的湯頭，讓味道盡量均勻融合。最後將湯頭分裝至一個20公升和2個10公升的深鍋裡。放在蓄水的流理台水槽裡急速冷卻，接著再放進冷藏庫裡保存。

醬油調味醬

以HIGETA醬油公司的「本膳」醬油為主，搭配出汁高湯和調味料。置於常溫下5天後再使用。鹽味調味醬則是用3～4種食鹽混合在一起，置於冷藏庫裡2天後再使用。

風味油

使用豬油酥炸大蒜和青蔥的蔥油。用於支那拉麵和沾麵。

▶ 完成湯頭

將前天熬煮的動物基底高湯（20公升）和日式高湯以1：1的比例混合在一起。將混合後的湯頭盛裝在2個20公升的深鍋裡，然後以小鍋交替舀起2個深鍋裡的湯頭，讓味道盡量均勻融合。急速冷卻2鍋湯頭後置於冷藏庫裡保存。2鍋皆於隔天再使用。於客人點餐後再用小鍋取所需分量加熱。

東京
王子

キング製麵

地東京都北区王子本町1-14-1高橋ビル1階 席16坪・10席 時11時～15時、17時30分～20時30分 休不定期 ¥1000日圓

白高湯拉麵【850日圓】

取魚乾和乾香菇的出汁高湯、鰹節出汁高湯、花蛤高湯混合調製成湯頭。醬油調味醬則是以白醬油和淡味醬油為基底。使用42.5%高含水率麵條，並以烤焙小麥麵粉搭配石臼研磨麵粉的組合製作麵條，口感佳且具有咬感。以12號方形切麵刀切成寬麵，並且於手揉後使用。在店內的製麵室裡製作麵條，靜置一晚熟成後於隔天使用。

日式高湯的主要食材為魚乾，日本鯷魚乾和白口（日本鯷）魚乾。而用於「白高湯拉麵」的風味油是以豬油熬煮鯖節和生薑製作而成，為了增添湯頭風味。

豚骨魚貝沾麵【900日圓】

沾醬以豬骨、雞架骨熬煮的湯頭為主，但味道並不濃厚，所以另外透過魚粉讓客人可以享受魚貝風味。沾麵的麵條為直寬麵，使用柄木田製粉的「麵街道」和「特金龍」2種麵粉製作而成。店裡提供200公克或300公克二種麵量供客人選擇。沾醬裡還有雞後腿肉和雞軟骨製作的肉丸子，增添沾醬的雞鮮味。

沾麵用麵條的加水率少於拉麵用麵條，約38～40%，咬起來清脆不軟爛。和拉麵麵條一樣都是寬麵，但稍微厚一些。

『キング製 』的製麵方法與理念

緊接在『らぁめん小池』（東京・上北沢）和『中華蕎　にし乃』（東京・本　）之後，於2019年3月新成立的副品牌『キング製 』，第一次採用自家製麵。使用中筋麵粉「麵街道」、「特TENRIU」、「特金龍」、「烤焙小麥麵粉」和「石臼研磨麵粉」5種麵粉，每天製作拉麵用麵條。烤焙小麥麵粉主要用於增添香氣，而添加石臼研磨麵粉的目的是製作具有豐富口感和咬勁的麵條。搭配溫潤的日式湯頭，讓客人能夠同時享受獨具個性的湯頭和麵條。

【材料】

小麥麵粉（麵街道、特TENRIU、特金龍、烤焙小麥麵粉、石臼研磨麵粉）、水、鹽、蒙古鹼水

▶ 前置攪拌作業

以金龍和TENRIU小麥麵粉為主。將5種麵粉放入攪拌機中攪拌1～2分鐘。

▶ 攪拌作業

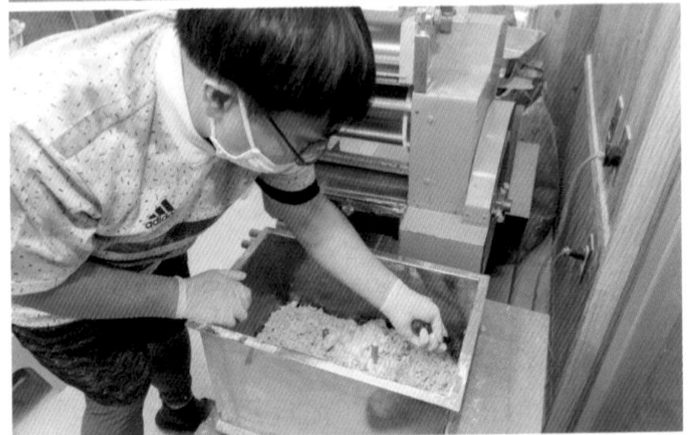

倒入鹼水液攪拌。前一天製作好鹼水液，置於冷藏室裡備用。為了打造豐富口感，搭配烤焙小麥麵粉和石臼研磨麵粉一起使用，期望做出具衝擊性，令人驚艷的麵條。攪拌時間3分鐘，過程中刮下沾黏在攪拌葉片上的麵團。提高圓輥轉速，但留意勿使麵團溫度上升。

▶ 粗整作業

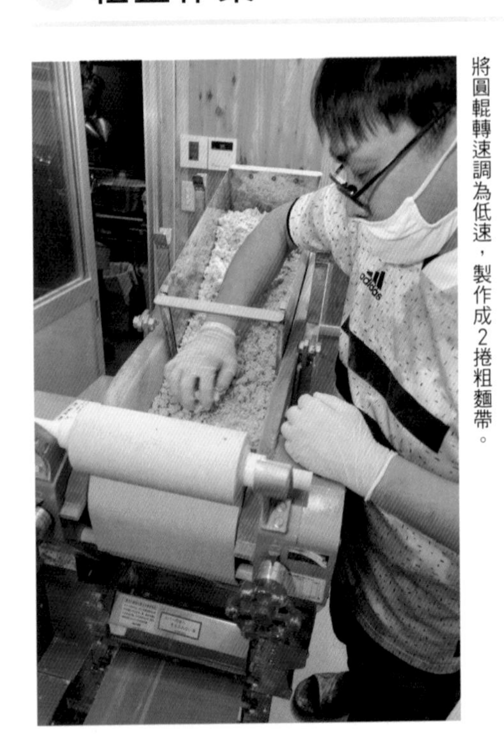

將圓輥轉速調為低速，製作成2捲粗麵帶。

手揉作業

在切好的拉麵用麵條上撒手粉，然後進行手揉作業。靜置於冷藏庫一晚熟成，隔天再使用。正常碗和中碗是同樣價格，於客人點餐後才秤量麵重。

拉麵用的麵條是以12號方形切麵刀切成寬麵，並且於手揉後使用。而沾麵用的麵條則使用「麵街道」和「特金龍」2種小麥麵粉製作，加水率38～40%，碾壓製成粗麵帶時稍微將厚度設定得厚一些，並以14號切麵刀切成寬麵（照片右）。拉麵用麵條（照片左）煮麵時間為1分鐘，沾麵用麵條煮麵時間為7分鐘。

複合作業

進行1次複合作業。作業結束後直接進行壓延和切條作業，不另外靜置熟成。

切條作業

由於拉麵用的麵條是高含水率麵條，太重恐會壓壞麵片，所以先行將麵片分成2捲，然後逐一進行切條作業。

自家製熟成麵
吉岡 田端店

地東京都北区東田端2-9-1第二田島ビル1階 席13坪・15席 時週二～週五11時～15時、18時～22時 週六・國定假日11時～15時 週日11時～15時、17時～21時 休週一 ¥900日圓

特製拉麵（溫潤魚貝湯頭）【1020日圓】

每一天的拉麵湯頭不盡相同，「溫潤魚貝湯頭」僅週三供應。以豬前腿骨、雞腳和豬腳為基底，加入鰹節、鯖節、宗田鰹節、魚乾和豬背骨一起熬煮成「溫潤魚貝湯頭」。基底外的食材每天更換，因此其他日子會另外供應「濃厚雞豚湯頭」或「濃厚魚貝湯頭」拉麵。特製拉麵的麵量是中碗270公克，配料多3片海苔、叉燒肉和魚板各追加一片、筍乾和青蔥加倍。

使用叉燒肉專用的醬油調味醬從生肉狀態開始燉煮豬五花肉。除了週日和週二限定的「竹岡式拉麵」外，其他品項也會使用這種叉燒肉。

竹岡式拉麵【820日圓】

只有週日和週二供應竹岡式拉麵。以熬煮豬背骨、豬前腿骨、叉燒肉（梅花肉、五花肉）的湯作為湯頭，並以醃漬叉燒肉的醬油作為醬油調味醬。在麵量部分，正常碗為220公克，820日圓、中碗為270公克，870日圓、大碗則為320公克，920日圓。

拉麵的麵條可以選擇現做手打麵條或熟成一個星期的熟成麵條。而沾麵的麵條，為了方便客人吸麵，僅提供手打麵條。

黃金鹽味拉麵【870日圓】

「黃金鹽味拉麵」是每天供應的品項，使用清澈的清湯基底湯頭，以昆布出汁高湯熬煮雞架骨、雞腳和調味蔬菜。另外搭配添加乾貨出汁高湯的鹽味調味醬。而熬煮雞脂產生的雞油則作為風味油使用。最後擺上蛤俐、雞後腿叉燒肉、紅辣椒絲，再撒上黑胡椒就大功告成了。

為避免出現浮渣，小心控制火侯，不要讓湯表面咕嘟咕嘟冒泡。烹煮清湯基底湯頭作為「黃金鹽味拉麵」的湯頭。

攪拌作業

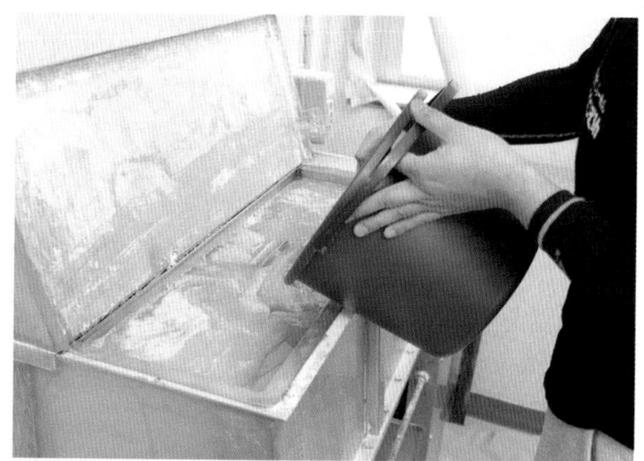

將小麥麵粉和7成左右的鹼水液倒入攪拌機中，攪拌4分鐘。然後再倒入剩餘的3成鹼水液，繼續攪拌4分鐘。攪拌時間較長是為了讓水分均勻擴散並充分和麵粉結合在一起。

『自家製熟成　吉岡』的製麵方法與理念

專用製麵所負責製作田端店、目白店、系列店和批發用的麵條。拉麵用的麵條雖然柔軟，卻具有嚼勁，而且不容易變軟爛。除了手打麵外，店裡還供應置於冷藏庫熟成一星期的熟成麵條。口感滑順的手打麵與具有嚼勁的熟成麵，就算搭配同樣的湯頭，也各有各的獨特風味。除此之外，各分店的麵條長短不一致，為了強調吸麵的舒適度，用於沾麵的麵條普遍較短。只要改變麵片厚度和切條速度，便能製作出充滿變化的麵條，這也是自家製麵才辦得到的豐富性。

【材料】
小麥麵粉（特別訂製）、水、全蛋、鹽、粉末鹼水

準備鹼水液

將粉末鹼水、全蛋、鹽汗水混合攪拌在一起。使用向製粉公司特別訂製的小麥麵粉，每次製作麵條大約需要8～9公斤的麵粉。

▶ 複合作業

進行3次複合作業。透過3次作業讓麵片逐漸變薄。

▶ 粗整作業

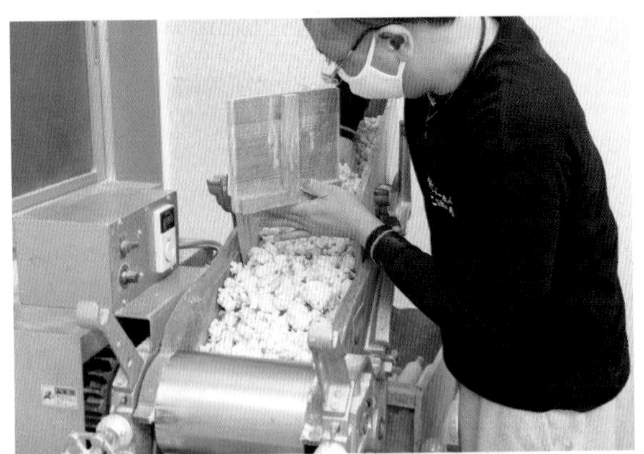

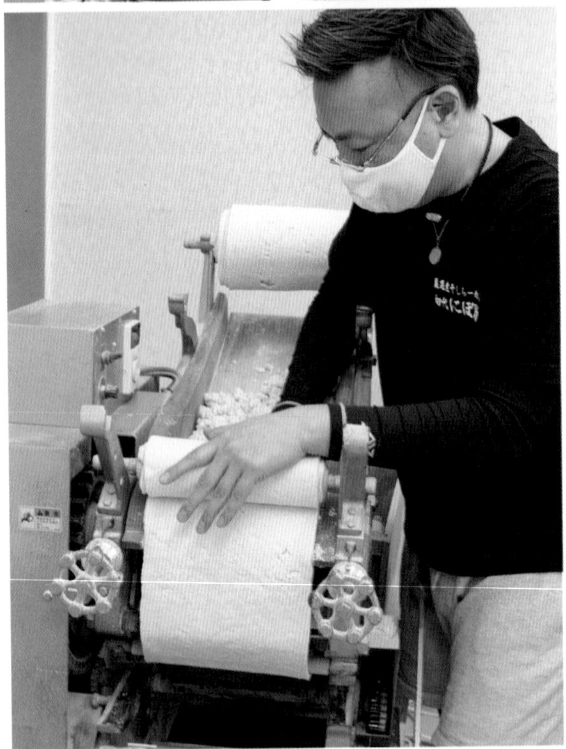

碾壓製成2條粗麵帶。用手將麵團壓進2個圓輥之間，製作2捲粗麵帶。

切條作業

撒手粉並進行切條作業。使用17號方形切麵刀。調整切條間隔時間，讓麵條長約32公分。

不需要將麵條盤成一球，而是維持長條狀排列於保存盒中。置於冷藏庫一晚熟成，作為「手打麵」使用；置於冷藏庫一星期，作為「熟成麵」使用。

熟成作業

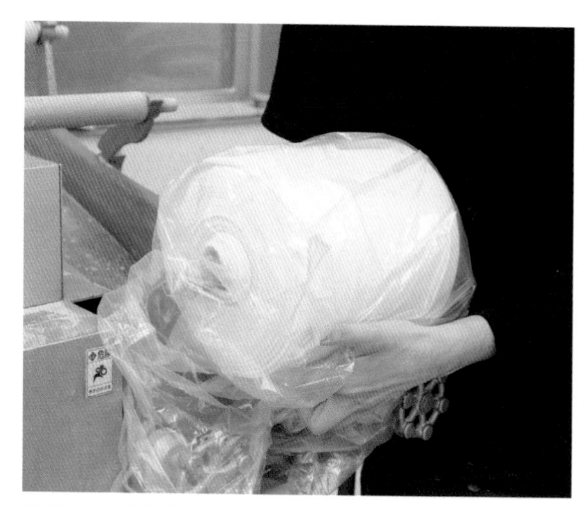

將麵片包上塑膠袋，進行熟成作業。熟成時間依季節而異，春季約30～40分鐘。熟成作業雖然會讓麵片變柔軟，卻依舊能製作出不易軟爛的麵條。

壓延作業

撒上手粉並進行1次壓延作業。

『自家製熟成　吉岡　田端店』的「黃金鹽味拉麵」用湯頭

『吉岡　田端店』的拉麵湯頭並非每天一陳不變（共5種），除了拉麵外，還供應沾麵。週日和週二是竹岡式拉麵，週三是溫潤魚貝湯頭拉麵，週四和週五是濃厚雞豚湯頭拉麵，週六則是濃厚魚貝湯頭拉麵。另外，每天都供應的是「黃金鹽味拉麵」，這款拉麵使用清湯基底湯頭。雖然說只需要烹煮一種基底湯頭，便能做出「溫潤魚貝湯頭」、「濃厚雞豚湯頭」、「濃厚魚貝湯頭」等不同變化，但由於還得製作「黃金鹽味拉麵」使用的清湯基底湯頭，因此每天必須準備2種湯頭供營業時使用。也基於這樣的緣故，每天供應的「黃金鹽味拉麵」盡量使用簡單食材，並且以最省時省力的方式熬煮香味四溢的清湯。

【湯頭製作流程】

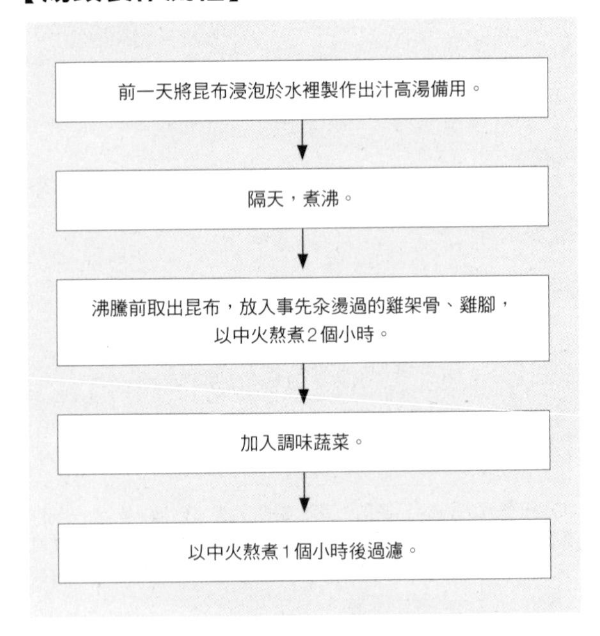

【材料】

出汁昆布、雞架骨、雞腳、洋蔥、大蒜、生薑、蔥綠

汆燙雞架骨和雞腳，並用流動清水將雞架骨洗乾淨。倒掉汆燙後的熱水。

放入洋蔥、蔥綠、生薑、大蒜後，調整火侯以維持沸騰狀態下熬煮1個小時。然後過濾。

筍乾

以當日熬煮的湯頭、鯖節、宗田鰹節、水、砂糖、醬油來調味無鹽筍乾。筍乾的調味依每天供應的湯頭「溫潤魚貝」、「濃厚雞豚」、「濃厚魚貝」而有所不同，為的是讓筍乾和湯頭味道有一致性。

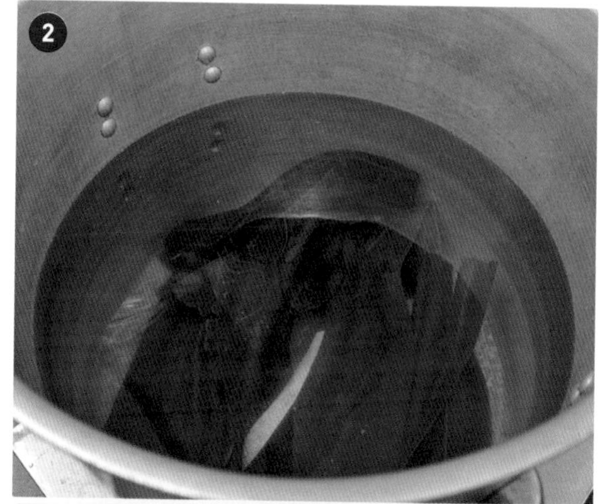

將昆布浸泡水裡一晚，隔天加熱煮沸。沸騰前取出昆布。

將汆燙並清洗好的雞架骨和雞腳放入昆布出汁高湯中，繼續熬煮2個小時。調整火侯以維持沸騰狀態下熬煮2個小時（不蓋上鍋蓋）。幾乎不會產生浮渣。

東京
武蔵境

ラーメン
きら星

地京都武蔵野市堺南町3-11-13
席14坪·10席 時11時30分～15時、17時30分～21時（售完即打烊） 休週日 ¥980日圓

豚骨拉麵【700日圓】

萃取九州豚骨拉麵精華的濃厚豚骨拉麵。將濃度不一的數種湯頭混合在一起，打造具有不同層次的鮮味，讓味道更加豐富。營業用湯頭主要是熬煮後第四天的湯頭。為了強調豚骨味，350～400毫升的湯頭只使用18毫升的調味醬。不過度使用製作調味醬的出汁食材，足以補強鮮味就夠了。取而代之的是舀一匙以水溶太白粉混合出汁高湯、濃味醬油調製的「鰹魚餡」置於配料上，讓魚貝風味慢慢擴散至湯裡。

以豬頭為主軸，搭配豬前腿骨和豬背骨一起熬煮的純豚骨湯頭。使用「召回湯頭」技法，無須仰賴濃度和黏度，也能煮出強烈的鮮味。

▶ 攪拌作業

將鹼水液倒入麵粉中，先稍微用手混合一下。將鹼水液全部倒入麵粉中的話，麵團容易結塊，所以分成數次加進去。若發現麵團沾黏在攪拌機壁面，適時將麵團刮下來好讓鹼水均勻擴散至所有麵團中。開始製作麵條之前，務必將麵粉和水充分混合拌勻，否則製作出來的麵條容易斷裂。

『きら星』的製麵方法與理念

以16號切麵刀切成方形直麵，麵條加水率38%，可以同時享受彈牙口感和小麥香氣。由於灰分含量高，使用味道濃郁的小麥麵粉，所以提高加水率也無損風味。加大麵片厚度，以切麵刀切成截面積較大的麵條，用這種「逆切」技術加大麵條清脆口感的部分，並進一步襯托湯頭的濃郁美味。為了讓客人品嚐最新鮮的麵條，早上和傍晚各製作一次麵條。1人份麵量為160公克，煮麵時間3分20秒。沾麵的一人份麵量為240公克，煮麵時間為8分鐘。

【材料】

粉末鹼水（蒙古鹼水）、淨水（Seagull淨水器）、蒙古岩鹽、準高筋麵粉（雲雀）、高筋麵粉（信濃大地）、中筋麵粉（金斗雲）、高筋麵粉（海洋）、全麥麵粉（Super fine Hard）、手粉澱粉

▶ 準備鹼水液

前一天將粉末鹼水、水、蒙古岩鹽混合在一起，置於冷藏庫裡一晚。為了製成麵帶時能夠維持在26度C，夏季使用鹼水液之前，會事先放在冰水中降溫，而冬季則是事先加熱至50～60度C。

▶ 粗整作業

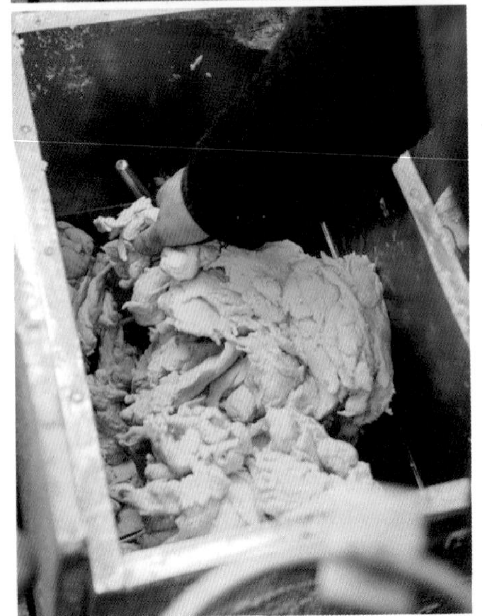

開始出現黏度後，以低速進行攪拌，邊壓邊捏10分鐘，讓麵團形成麩質。另外，麵團若過於膨鬆，最後會變得鬆散，切記攪拌過程中盡量用手將麵團捏圓。發現麵團沾黏於攪拌葉片上時，也要用手將麵團刮下來。

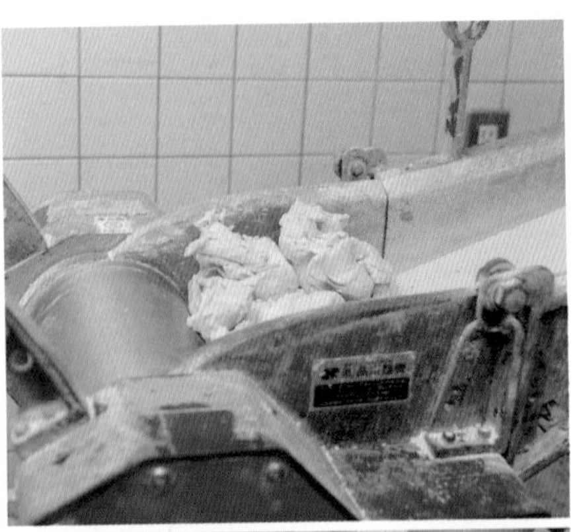

將麵團往圓輥處推壓，碾壓製成粗麵帶。利用這個方式增加麵片密度，密度愈大，口感也會愈紮實。

壓延作業

進行2次壓延作業。同樣都將厚度設定為「厚」，第二次壓延作業的厚度設定必須比第一次更厚一些。

熟成作業

用鹼水液沾濕麵帶側面以保持濕潤，然後套上塑膠袋靜置熟成30分鐘～1小時。

複合作業

進行複合作業時，若將麵片厚度設定得太薄，裁切成麵條後容易因為表面太光滑而難以吸附湯汁。我們要逆向操作，將厚度設定得厚一些。

▶ 切條作業

進行第三次壓延作業時，一口氣將厚度減半並撒上手粉進行切條作業。然後將1人份麵量秤重好備用。

筍乾

過度加熱易損壞筍乾的口感和風味，務必盡量加快速度，以不會過度軟爛、不會太甜為目標。筍乾裡的滷汁難免會滲透至湯頭裡，所以使用和豚骨拉麵較為契合的白胡椒，而不使用味道強烈的黑胡椒。處理過的筍乾盡快使用完畢，因為筍乾會逐漸變酸。店裡通常會在早上料理筍乾，並於白天營業時使用。

【材料】

鹽漬筍乾、芝麻油、濃味醬油、味醂、三溫糖、白胡椒、鮮味調味料（味霸）

1

將鹽漬筍乾浸泡於水裡3天去掉鹽分。第一天換水5、6次，第二天換水2、3次，第三天則換水1次。第四天瀝乾後，用熱芝麻油拌炒。

2

芝麻油確實包覆筍乾後，淋上濃味醬油、味醂、白胡椒粉並繼續拌炒。最後再加三溫糖拌勻。

3

拌炒到湯汁收乾，然後放在濾水網中瀝乾水分。放涼後即可立刻使用。於客人點餐後，再用平底鍋加熱筍乾和叉燒肉，煎至表面稍微呈金黃色以增添香氣。

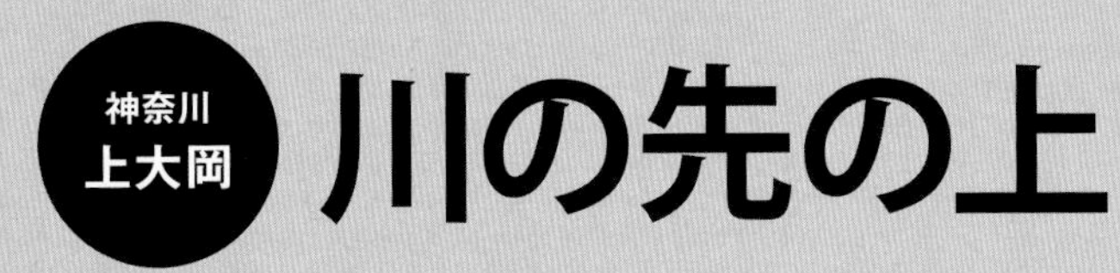

地 神奈川県横浜市港南区大久保1-15-36 第1ミツワセンタービル2F
電 045-374-5133 時 11時30分～21時30分LO 休 週三

醬油拉麵【850日圓】

使用豬背骨、豬前腿骨、全雞、雞架骨熬煮湯頭，加入花蛤增添鮮味，然後和另一只鍋子熬煮的日式出汁高湯混合在一起。最後加入橄欖油、花生油、鴨脂、背脂調製而成的風味油，打造豐富且具有層次的鮮味。目標是製作「加法式」的拉麵。利用各種素材散發的鮮味，組合堆疊出厚重濃郁的美味。使用3種北海道小麥麵粉製作光滑又充滿迷人香氣的細麵，有著無比滑順的口感，好咬又好吞。

◎ 鹽味拉麵【850日圓】

和「醬油拉麵」一樣，使用2種高湯混合調製湯頭。另外搭配鹽味調味醬以突顯花蛤和蜆仔的鮮味，是一碗充滿濃濃出汁高湯風味的拉麵。叉燒肉有豬五花後和豬後腿肉2種。將豬五花肉和梅酒、鹽一起放入壓力鍋裡烹煮60分鐘；豬後腿肉則以吊烤煙燻方式處理，再佐以濃味醬油調味。最後擺上九條蔥、同叉燒肉一起煙燻過的軟白蔥（蔥白部分較長）作為配料。將軟白蔥吊掛於燻烤爐中20分鐘以提出蔥本身的甜味。

「醬油拉麵」和「鹽味拉麵」所使用的湯頭同樣是以5：2的比例混合動物基底高湯和出汁高湯。以動物食材為基底，再輔以日式出汁高湯來補足鮮味。於客人點餐後，再以小鍋取所需分量加熱。

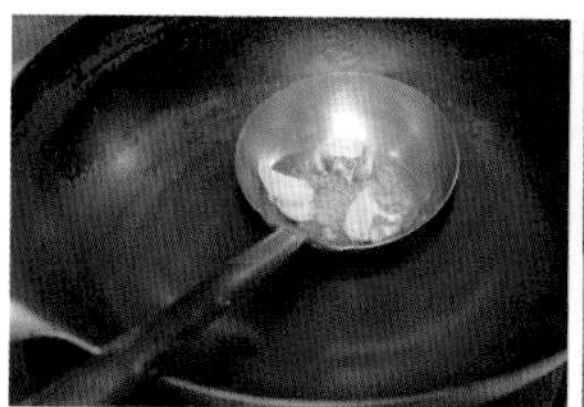

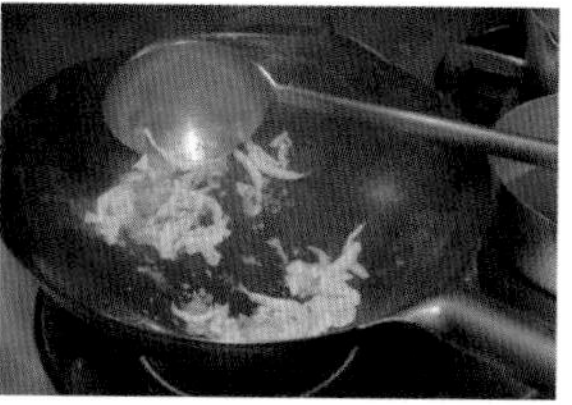

以白菜、韭菜、大蒜和生薑製作肉餃子，然後放入加熱後的蔥油和生薑調味醬裡一起拌炒。將湯頭的食材邊拌炒邊壓碎以作為餃子餡料使用。

味噌拉麵【890日圓】

核心味道主要是「大久保釀造」的紅味噌，煮沸時更能突顯紅味噌的美味。先用小鍋取湯頭和紅味噌混合在一起，然後放入中華炒鍋中煮沸後再倒入碗裡。舀一匙九層塔和蘑菇特製的調味泥擺在叉燒肉上。用花生油酥炸蘑菇，放入調理機攪拌成泥狀，再和九層塔混拌在一起。溶入湯頭後既能改變風味，也能增加濃郁感。美味的湯頭當然要搭配使用100%北海道小麥麵粉製作的寬麵。

沾麵（醬油）【890日圓】

使用20號切麵刀切成方形直麵，以及使用12號切麵刀切成寬麵，將兩種麵條以2：1的比例混搭在一起，讓客人享用豐富不單調的口感。雖然粗細、形狀不一樣，但源自於同樣的麵片，因此煮麵時間相同。沾醬裡除了湯頭和醬油調味醬，另外添加三溫糖、和三盆糖蜜、黑七味、和山椒、醃漬昆布的自製醋、蔥油，能夠同時享受甜味、酸味和辣味。麵條上還擺放焦蔥和充分以沾醬醃漬過的豬五花叉燒肉。

在盛裝麵條的碗裡淋上些許日式出汁高湯。除了使整體風味一致，主要目的是防止麵條黏在一起。

麵量為225公克。將150公克的細麵和75公克的寬麵混搭在一起。

『川の先の上』的製麵方法與理念

旗下所有店鋪都致力於製作獨創麵條，即便只是試作品，每個月也都會開發3～4種新品。使用單一產地出產的小麥麵粉，累積每一次的數據以期製作出最理想的麵條。店長後藤將友先生表示「單一產地的小麥，最大魅力就是可以打造出手打麵的口感」。挑選小麥時首重「灰分含量」。後藤將友先生也說「不曉得該如何挑選時，只要向製粉公司表達自己的喜好就可以了。」店裡的麵條使用100%北海道小麥麵粉製作，以能夠打造極為細膩滑順口感的「北穗波」為主，搭配增加彈牙口感的「春戀」，以及灰分含量較高的「TSURUKITI」以補強風味。

【材料】

北穗波（中筋麵粉）、春戀（高筋麵粉）、TSURUKITI（準高筋麵粉）、紅鹼水、精製鹽、π水、手粉（澱粉）

▶ 準備鹼水液

將紅鹼水、精製鹽、π水於前一天混合拌勻，置於冷藏庫裡備用。以製麵時溫度呈0度C最為理想。

▶ 第一次攪拌作業

將3種小麥麵粉、鹼水液倒入製麵機中攪拌3分鐘。3分鐘後掀開蓋子，刮下沾黏於內側壁的麵粒。

▶ 第二次攪拌作業

繼續攪拌8分鐘。完成的麵團維持在25度C以下。

▶ 粗整作業

碾壓製作成粗麵帶。

▶ 2次複合作業

進行2次複合作業。

『川の先の上』的湯頭

準備以豬、雞和增添鮮味用的花蛤所熬煮的動物基底高湯，以及日式出汁高湯2種湯底。利用改變混合比例來打造不同湯頭味道的拉麵。舉例來說，「醬油拉麵」和「鹽味拉麵」使用的湯頭是將動物基底高湯和日式出汁高湯以5：2的比例混合在一起。「味噌拉麵」則單純使用動物基底高湯。而「沾麵」的醬汁也只有動物基底高湯，但麵條裡會淋上日式出汁高湯，吸麵時正好將2種美味結合在一起。使用同一品牌的小麥麵粉，旨在不特別突顯某種味道，打造單純透過鮮味的組合以呈現色香味最平衡的拉麵。複雜的鮮味層層堆疊，更顯湯頭的厚實濃郁。

【『川の先の上』湯頭製作流程】

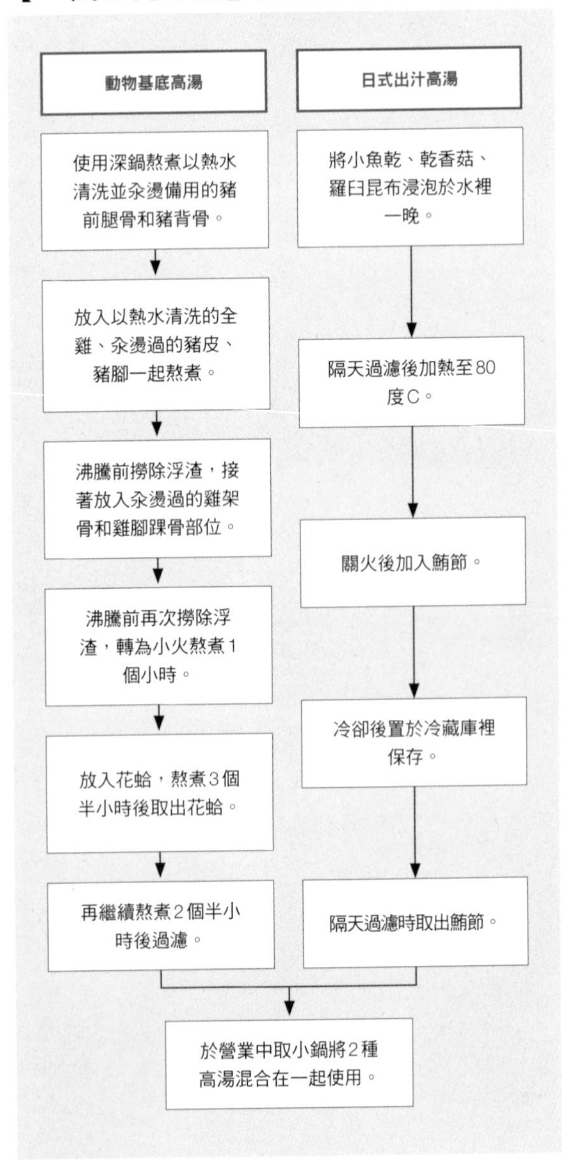

▶ 熟成作業

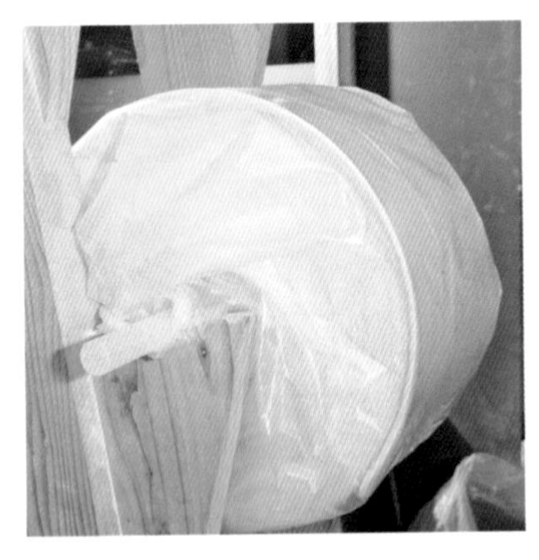

用塑膠袋將厚度3毫米的麵帶包起來，靜置熟成2～3個小時。

▶ 壓延作業

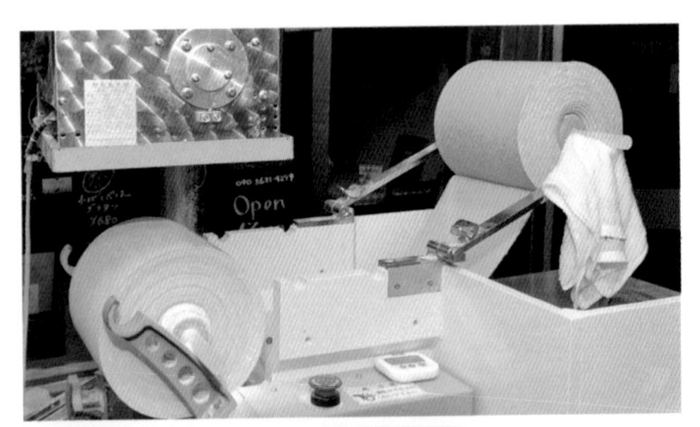

撒上手粉（澱粉），將麵帶壓延成2毫米厚的片狀。

▶ 壓延切條作業

壓延成1．2毫米的麵片後，使用20號方形切麵刀切成麵條。將麵條置於冷藏庫一晚熟成，於隔天使用。

放涼後放入冷藏庫裡靜置一晚，隔天再次過濾並取出鮪節。過濾時使用粗網格的篩網，以用力按壓食材的方式過濾。

於客人點餐後，再用小鍋混合動物基底高湯和日式出汁高湯，並於加熱後倒入碗中。

日式出汁高湯

基於熬煮後容易產生鹼味和雜味，出汁食材不事先經過加熱處理。只用水浸泡日本鯷魚乾、香菇蒂和羅臼昆布，並於加熱出汁高湯後加入鮪節，靜置一晚讓鮮味慢慢釋放出來。鮪節不如一般鰹節帶有獨特酸味，但同樣具有強烈鮮味。

【材料】

日本鯷魚乾（小尾）、香菇蒂、羅臼昆布（赤葉）、鮪節（薄削）、π 水

1. 將日本鯷魚乾和香菇蒂、羅臼昆布、π 水放入深鍋中靜置一晚。

隔天早上過濾取出食材後，加熱出汁高湯。溫度達80度C後關火並放入鮪節。用筷子輕壓鮪節，稍微攪拌一下讓高湯滲透至鮪節中。

同樣使用熱水稍微沖洗豬背骨並汆燙，然後放入深鍋裡。

用熱水稍微沖洗全雞，並於冷凍狀態下直接放入深鍋裡。熬煮期間自然會慢慢分解，無須刻意事前切割。

用熱水稍微沖洗豬皮、豬腳，汆燙後也放入深鍋裡。

▶ 動物基底高湯

使用雞腳踝骨部位、豬皮和豬腳是為了補充膠質，也為了讓整體更具拉麵風味。放入花蛤並非為了突顯海鮮味道，僅用於增添風味，讓鮮味更有層次，同時也讓整體味道更具一致性。基於這個緣故，直接以動物基底高湯熬煮，而沒有另起爐灶熬煮。

【材料】

豬前腿骨、豬背骨、帶頸雞骨（當天活宰的信玄雞）、全雞（體型大一點）、豬皮、豬腳、雞腳踝骨部位（信玄雞）、花蛤、π 水

用熱水沖洗豬前腿骨，沖掉血塊並汆燙備用。

將 π 水倒入深鍋裡，煮沸備用。然後將汆燙過的豬前腿骨倒進去。

用熱水稍微清洗雞腳踝骨部位，汆燙後放入深鍋裡。

快沸騰之前，撈除浮在表面的浮渣。撈完浮渣後，轉為小火。

沸騰後1小時，將已經呈半解凍狀態的花蛤放進濾網中，連同濾網放入深鍋裡。

同樣用熱水輕輕沖洗雞架骨，清除內臟後汆燙備用。

快沸騰之前，撈除浮在表面的浮渣。

撈完浮渣後，倒入汆燙好的雞架骨。

3個半小時後，拿出花蛤並繼續熬煮2個半小時。

撈出食材，使用錐形篩過濾湯頭。過濾好的湯頭直接作為營業用湯頭使用，無須靜置熟成。

營業中使用小鍋取日式出汁高湯和動物基底高湯混合在一起加熱，然後倒入碗中。

花蛤丼【380日圓】

將用於熬煮湯頭的花蛤和用於調製醬油調味醬的花蛤混合在一起，然後以鹽味調味醬和生薑調味醬調味，做成花蛤丼飯。上桌前用瓦斯槍炙燒處理並擺上青蔥作為配料。不少客人很喜歡在丼飯上澆淋拉麵湯頭。

使用大久保釀造的紅味噌所調製的味道較為強烈的味噌調味醬。以4種紅味噌為主，搭配獨具各自特色的黑味噌、白味噌等共7種味噌。而除了味醂外，還使用烏龍茶和茉莉花茶來提味，增添一絲淡淡的苦味。

以大久保釀造（長野縣松本市）的淡味醬油「紫大盡」為主，混合同樣大久保釀造的濃味醬油「小大之醬」，調製出具有深度的醬油調味醬。醬油味不會過於強烈，但具有十足香氣，有助於突顯出汁高湯的風味。為了加強鮮味，另外添加了花蛤出汁高湯。

用於「味噌拉麵」和「沾麵」的風味油，基底油為花生油。烹煮「味噌拉麵」時，以蔥油搭配生薑調味醬來拌炒蔬菜。烹煮「沾麵」時，除了添加在沾醬裡，過濾後剩下的油炸青蔥還會擺在麵條上作為配料。

以蜆仔、花蛤、雞乾片熬煮鹽味調味醬，再使用雞皮、生薑和酒熬煮另外一種鹽味調味醬，將2種調味醬混合在一起，打造濃郁出汁高湯的風味。兩種鹽味調味醬都使用相同食鹽，單一種類且口感較為溫潤的越南結晶鹽。

風味油

用於「醬油拉麵」和「鹽味拉麵」的風味油。基底油為橄欖油和花生油，另外搭配鴨皮和背脂增添香氣。使用橄欖油的最大優點是容易融合各種香氣。

埼玉
川越

寿製麺
よしかわ

地埼玉県川越市今福1738-14 席50坪·20席 時平日11時～15時（LO.14時30分）、17時～21時（LO.20時30分）；週六、國定假日11時～21時（LO.20時30分） 休週日 ¥800日圓～900日圓

魚乾拉麵 白醬油【700日圓】

這是2014年8月位於埼玉縣上尾市的『中華拉麵 壽製麵』開幕以來所推出的品項，川越店也有這道料理。在魚乾湯頭裡加入白醬油和魚醬調味醬，並且使用魚乾油作為風味油。魚乾拉麵所使用的麵條是低含水率的細麵，一人份為140公克。店裡另外供應「魚乾拉麵 黑醬油」，湯頭裡添加的是以壺底醬油為基底的調味醬。

川越店負責製作旗下4間分店的麵條。「魚乾拉麵」和「沙丁魚拌麵」所使用的招牌麵條是以3種小麥麵粉搭配全麥麵粉的專用麵粉製作而成。1袋專用麵粉為25公斤，是製作一次麵條的所需分量。

沙丁魚拌麵【450日圓】

將魚乾油、白醬油調味醬和煮好的麵條攪拌在一起，上面擺放8～9片沙丁魚生魚片和蔥花。以沙拉油拌炒大蒜、朝天椒、魚乾頭製作魚乾油。一碗麵量為70公克，是店裡的副餐餐點。可以另外取桌上的檸檬醋、白胡椒調味，品嚐不一樣的醃漬風味。

「魚乾拉麵」和「沙丁魚拌麵」使用相同的麵條。低含水率麵條的特色是表面清脆，一咬就斷的口感。完成後的麵條置於冷藏庫裡一晚，於隔天再使用。

『よしかわ』的製麵方法與理念

川越店負責製作旗下4間分店的麵條。使用3種小麥麵粉混合全麥麵粉的專用麵粉製作麵條。使用丸菊麵機公司的M.Y-276A型號攪拌機、麵帶機、壓延機和調量機製作麵條，一次製作25公斤的麵粉。不同湯頭搭配不同麵條，因此平時必須製作5種以上的麵條，而採訪當天，店長製作的是「魚乾拉麵」和「沙丁魚拌麵」使用的招牌麵條。特色是表面清脆，一咬就斷的口感。由於是低含水率麵條，容易吸附湯汁，吃麵的同時還能享受多變的麵條美味。

【材料】
專用麵粉（搭配3種麵粉）、麩質、蛋白粉、粉末鹼水、鹽、水

▶ 攪拌作業

1 將專用麵粉、麩質、蛋白粉倒入攪拌機中，先稍微攪拌一下。整體均勻混合，飽含空氣時，麵粉會因為溫度稍微提高而容易形成麩質。約攪拌5分鐘。

『寿製麵 よしかわ』的湯頭

店長吉川和壽先生原本是日式料理廚師，第一次獨立創業是居酒屋，後來也著手經營愈來愈有發展性的拉麵店，致力於研究「清爽且每天吃都不會膩的拉麵」，最後決定以魚乾拉麵為主打品項。「魚乾拉麵」所使用的湯頭以4種不同產地的日本鯷魚乾、小遠東擬沙丁魚乾等熬煮而成。特別精挑千葉產、熊本產等油脂較少的魚乾。利用4種不同魚乾的截長補短，更能保持出汁高湯的穩定性。

以去頭的魚乾出汁高湯搭配昆布、鯖節熬煮湯頭，而魚乾頭的部分則熬煮成魚乾油，作為風味油使用。

在KINOENE白醬油中加入魚醬、出汁昆布、乾香菇蒂、鰹節，加熱煮沸後靜置一晚熟成，花費2天的時間完成白醬油調味醬。

提高壓力進行粗整作業。最終麵帶厚度為6毫米。麵帶可能有部分水分均勻擴散，有部分沒有。

複合作業

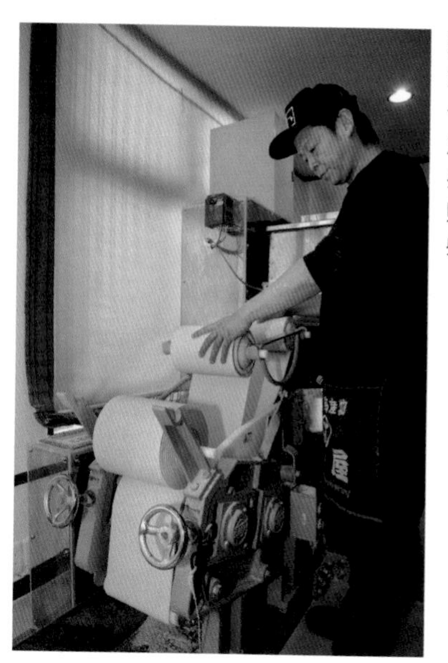

進行2次複合作業。第一次壓力小一點，讓麵片厚度比粗麵帶稍微薄一些。第二次的壓力則比第一次再小一些。

將水、粉末鹼水、鹽混合在一起調製鹼水液。鹼水液的溫度終年都設定在20度C左右，製麵室的溫度則設定為23度C。根據當天氣溫、濕度調整加水率，而加水率也會因季節而異，原則上冬季的加水率為31%左右。

倒入鹼水液後，先將攪拌機的轉速設定為高速，中途再轉為低速。攪拌過程中暫停一下，將沾黏在攪拌葉片上的麵團刮下來，讓鹼水液可以均勻擴散至所有麵粉。這時候順便確認水分是否足夠。合計攪拌10分鐘。

粗整作業

攪拌作業結束後，取出尚未形成的肉鬆狀麵粒。進行粗整作業碾壓製成厚度0.6毫米左右的粗麵帶。由於加水率低，稍微施加壓力即可形成麵帶。

▶ 壓延・切條作業

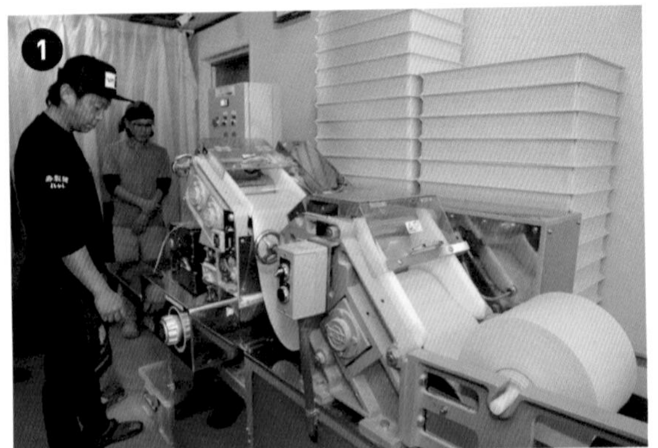

將麵皮掛在2段式圓輥的製麵機上。第一個圓輥的直徑比較大，以較大的壓力壓延麵皮。再透過另外一個不同直徑的圓輥，讓麵片更具嚼勁。使用24號方形切麵刀切成麵條並盤成一球一球，一球重量約140公克。

將麵條放在事先鋪好紙張的保存盒中，靜置於冷藏庫裡一天，於隔天營業時使用。

▶ 壓延作業

將圓輥的間隙調窄一些，將麵片壓延得再薄一些。

▶ 醒麵熟成作業

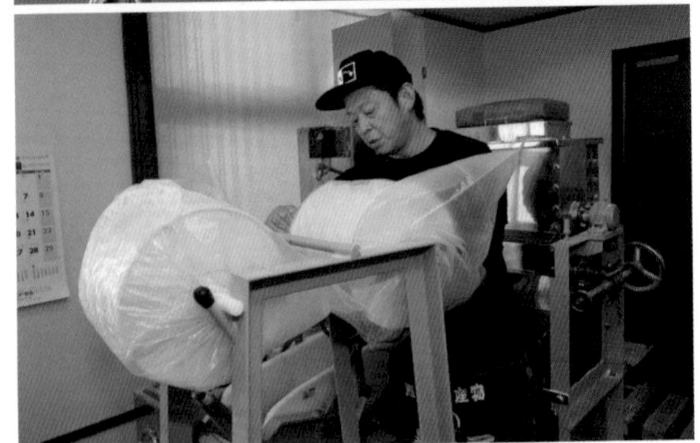

最終麵片厚度為0.3毫米左右。用塑膠袋套住麵片，置於室溫下15分鐘熟成。

東京
護国寺

MENSHO

製粉機

研磨式製粉機是透過石臼重量來碾磨小麥，可以研磨出一等粉和二等粉。夢香麵粉的特色是充滿濃郁香氣且富含蛋白質。將未經精白加工的小麥倒入電動石臼製粉機中，花3個小時慢慢碾磨。我個人非常喜歡碾磨的香氣，通常會在製作拉麵麵條的麵粉中加入2～3%的研磨小麥麵粉。

「研磨小麥沾麵」的麵條材料

- 夢香（未經精白加工的小麥）
- 高筋麵粉（春戀）
- 高筋麵粉（夢之力）
- 天然鹼水
- 鹽（揚濱鹽、SHIMAMASU鹽、NUTIMASU鹽、並鹽）
- 弱鹼性水（活性碳過濾水）
- 手粉（樹薯粉）

SHOP DATE

地 東京都文京区音羽1-17-16中銀音羽マンシオン1F
席 33坪·13席　時 11時～15時、17時～21時　休 週一
¥ 1000日圓

過篩

這次使用60目數的篩網過篩，篩出顆粒較粗的二等粉。以二等粉製作的麵條具十足嚼勁，充滿濃濃的素材口感，適合搭配濃度較高的沾醬。小麥麵粉的黏度會影響吸麵的感覺，因此有時候會改用70目數的篩網過篩，或者依小麥麵粉的種類，使用不同目數的篩網。第二次過篩後剩下的麵粉，可用於製作日式油拌麵的麵條。

製粉機

將剩下的未經精白加工的小麥再次倒入製粉機中，同樣花3個小時慢慢碾磨製粉。

過篩

使用90目數的篩網過篩，篩出一等粉。一等粉麵筋含量高，彈性較好。二等粉含外皮和胚芽，香氣較為濃郁。

攪拌作業

使用機器自動量測鹼水使用量，調製溫度為6度C的鹼水液備用。將鹼水液倒入製麵機中攪拌5分鐘。加水率為36%。另外添加全蛋、藜麥粉讓拉麵用麵條具有不同的口感和甜度。

前置攪拌作業

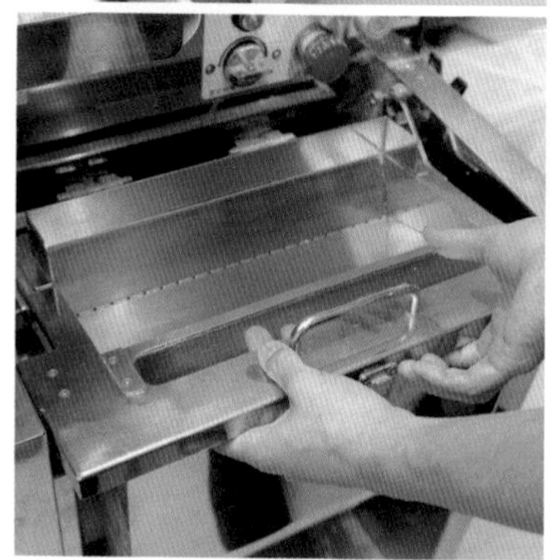

將所有麵粉倒入製麵機中，進行前置攪拌作業15分鐘。先將顆粒大小不一的麵粉混合在一起，之後淋上鹼水液時才能使水分均勻擴散，請務必確實做好混拌這個步驟。

混合

秤量剛研磨好的「夢香」一等粉和二等粉、「春戀」、「雪之力」小麥麵粉。

攪拌作業

用刮刀將沾黏於周圍的麵粒刮下來，繼續攪拌15分鐘。製作沾麵用麵條時，麵粒最佳溫度為25度C；製作拉麵用麵條時，麵粒最佳溫度則為30度C。捏握時覺得麵粒還是很鬆散的話，繼續攪拌5分鐘。

粗整作業

進行粗整作業，碾壓製作厚度2毫米的粗麵帶。

複合作業

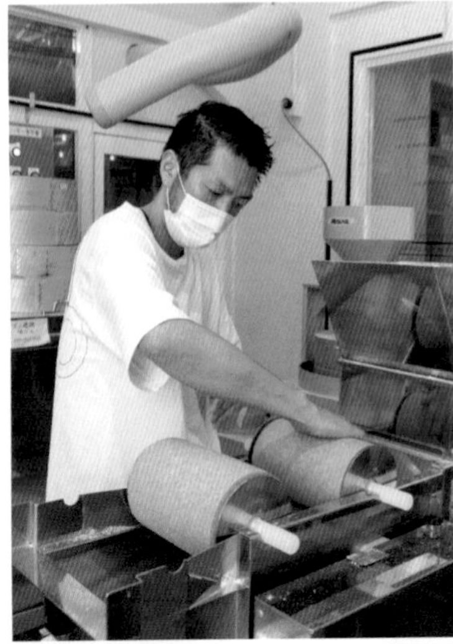

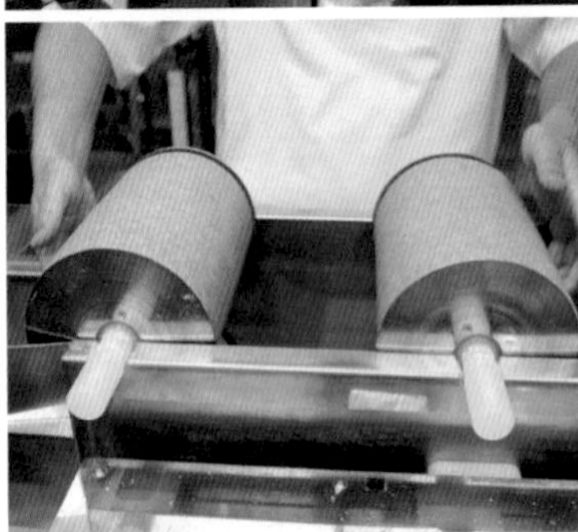

由於裡面混有粒度大的麵粒，進行2次複合作業讓麵條的密度更加紮實。將麵片厚度設定為3毫米。

第一次壓延作業

進行第一次壓延作業時，將麵片厚度設定為1.5毫米。

第二次壓延作業

撒上手粉並進行第二次壓延作業，將厚度設定為1毫米。

壓延・切條作業

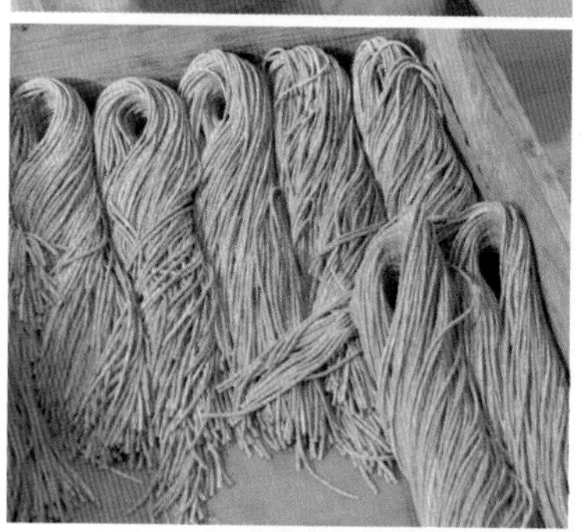

由於麩質作用會使麵條膨脹，進行第三次壓延作業（將厚度設定為1毫米）時，一邊撒上手粉（樹薯粉）。使用20號方形切麵刀進行切條作業，一球麵量為155公克，煮麵時間為2分鐘。由於麵條容易軟爛，煮好後先用清水沖洗並以冰水冰鎮後再盛裝於碗裡。另外，麵條具有黏度且口感和風味不易持久，建議切條後立即使用，不再經過熟成步驟。店裡最重視的是小麥的新鮮香氣。

研磨小麥沾麵　1000日圓

麵條的9成為剛研磨好的小麥麵粉「夢香」。上桌的麵條浸泡在昆布水裡，建議大家先不沾醬，品嚐一下小麥的色香味，然後再依序搭配NUTIMASU鹽、熟成3年的醬油粉、沾醬的順序細細品味。沾醬以東京鬥雞、比內土雞、黑薩摩雞全雞熬煮的湯頭為主軸，另外添加鹽麴基底的鹽味調味醬、雞油製作而成。小麥是主角，因此不額外添加甜味、酸味和辣味。配料包含白金豬的梅花肉、番茄乾、波菜、穗先筍乾和分蔥。

東京
新宿ほか

すごい煮干ラーメン凪

準備鹼水液

在淨水中放入粉末鹼水、並鹽和梔子花粉，用攪拌機攪拌2分鐘。為了製作高含水率麵條，使用碳酸鈉系列的粉末鹼水。攪拌均勻的鹼水液置於冷藏庫裡一晚備用，溫度維持在10度C。加水率46%。

麵條材料

- 淨水
- 粉末鹼水（碳酸鈉）
- 並鹽
- 梔子花粉
- 準高筋麵粉（數種）
- 全蛋粉
- 澱粉
- 手粉（澱粉）

前置運轉作業

將數種準高筋麵粉、全蛋粉、澱粉倒入真空攪拌混合機中進行前置運轉作業1分鐘。保存小麥麵粉的地方和製作麵條的地方，兩者間的溫差要控制在10度C以內。兩個地方的溫差若過大，容易因為水蒸氣遇冷變成水而影響麵團狀態，這一點務必特別留意。

SHOP DATE

新宿だるま製麵（店家製麵所／也對外販售）
㊞東京都板橋区大原町45-17 1階
hinjuku-darumaseimen.jp

攪拌作業

以滴漏方式添加鹼水液，讓水分均勻擴散，然後攪拌3分鐘。以最短且讓水分能均勻擴散的時間進行攪拌。也因為只攪拌3分鐘，才能製作出充滿空氣的口感。攪拌後的理想溫度為15度C。

粗整作業

碾壓製成粗麵條後直接進行複合作業。加水率愈高愈容易形成麩質，所以為了打造鬆軟口感，將複合後的麵片溫度設定在低於一般20～25度C的狀態。

熟成作業

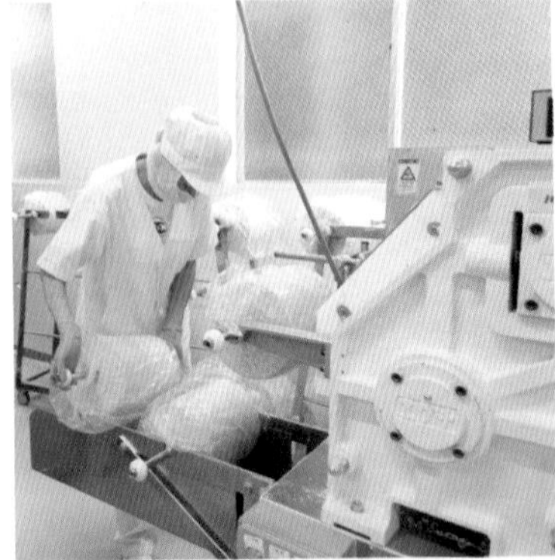

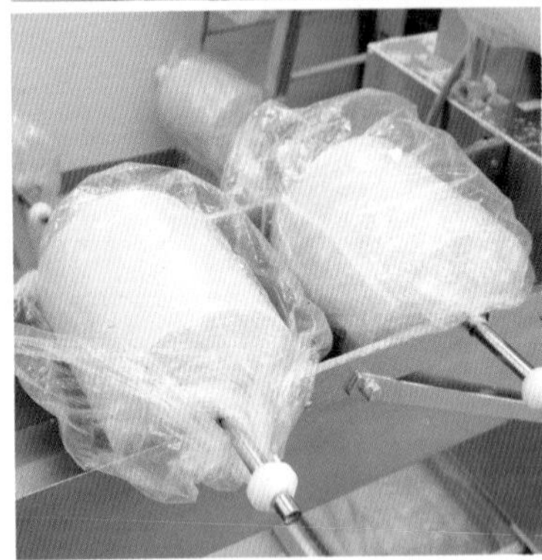

用塑膠袋套住複合作業後的麵片，靜置20分鐘熟成。

揉麵

將麵條揉成捲麵的機器。從縱向、橫向兩個方向揉麵，打造手揉麵風味的麵條。手揉麵比較不容易斷裂，任何人負責煮麵都能煮出美味麵條。

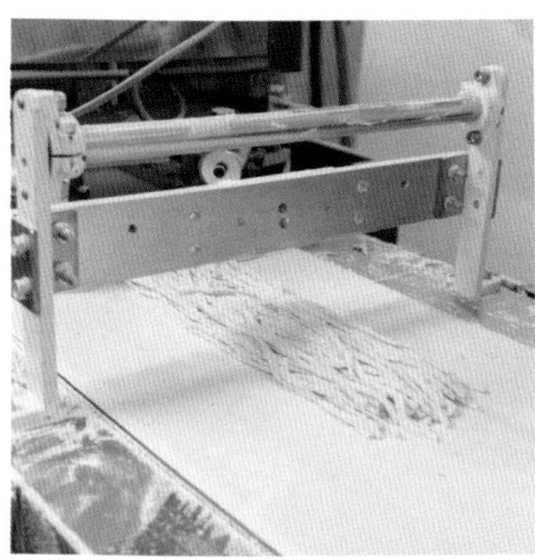

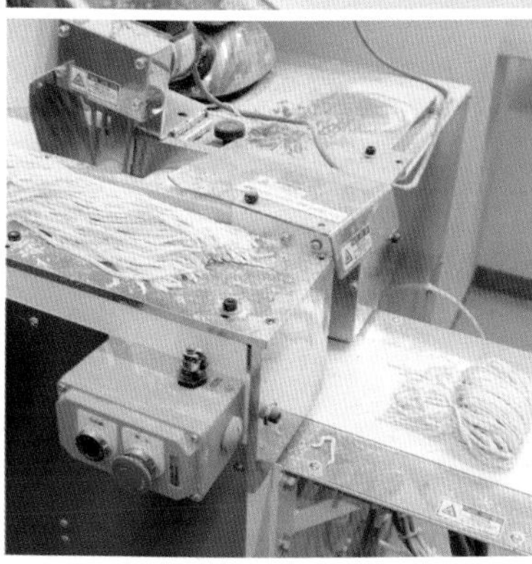

透過機器量測重量並盤成一捲，每4球麵條裝成一袋。煮麵時間為3分鐘。

切條作業

使用10號波浪形切麵刀進行切條作業。一人份麵量為150公克。

壓延作業

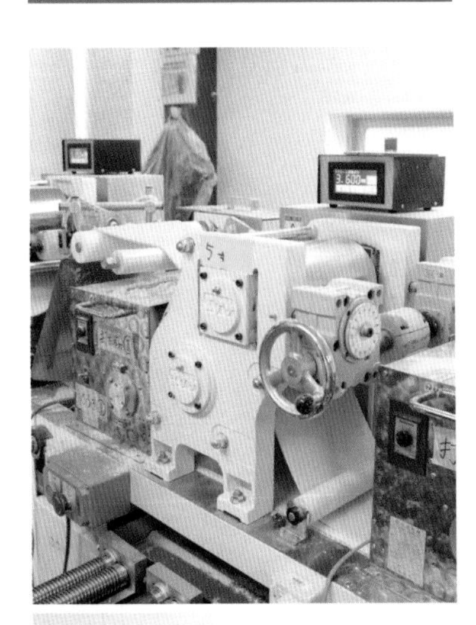

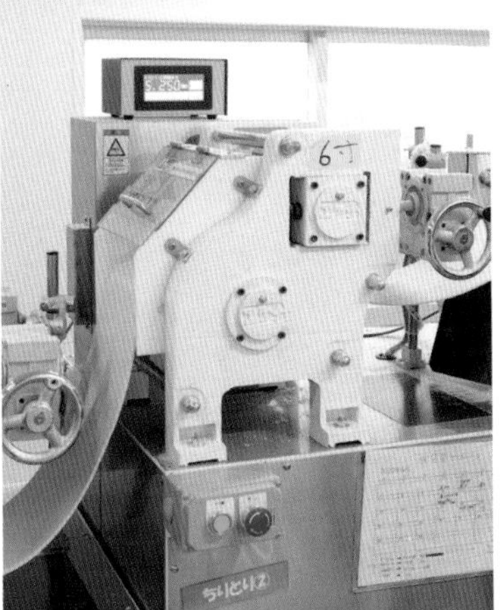

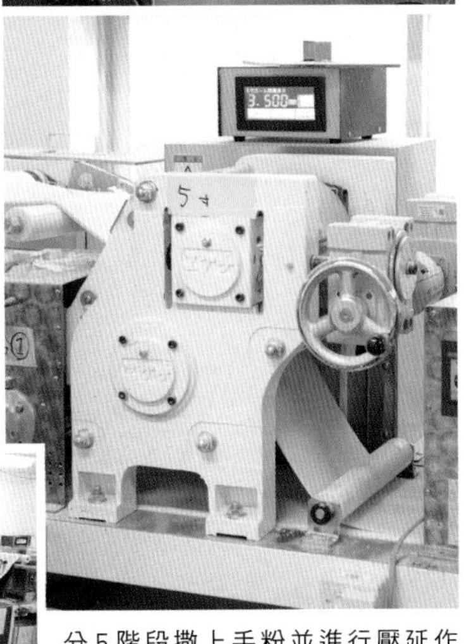

分5階段撒上手粉並進行壓延作業，依序將厚度設定為10毫米、7.2毫米、5.25毫米、3.6毫米、2.6毫米。

驚人的魚乾拉麵　820日圓

味道的核心是魚乾出汁高湯，以日本鯷魚乾為主軸，搭配白口日本鯷乾等熬煮而成。魚乾的產地包含長崎、千葉和伊吹等地，挑選體型較大且富含油脂的魚乾。除了魚乾之外，搭配豬背骨、豬背脂、雞腳、牛前腿骨等熬煮的動物基底高湯以突顯魚乾出汁高湯的鮮味。以小鍋加熱湯頭時，另外加入豬背脂和魚乾油，煮沸後倒入碗裡。搭配能夠吸飽湯汁的粗麵條，最後再擺上能夠充分享受軟嫩口感的3片「片狀麵」（寬4公分）。

獨門絕學
招牌拉麵技術教本

定價 480 元
20.7 x 28 cm　176 頁　彩色

最硬核開店教本
步驟細分 · 圖片解釋 · 拉麵組合
拉麵、沾麵、拌麵——價格、盛裝方式、器具
人氣夯店的製備工作 · 味道構成 · 思考模式

實際採訪多家日本名店，讓你也能做出最正統的日式拉麵，除了步驟分析、製作流程圖表呈現，讓讀者更加一目了然，再加上親訪店家實作圖片解說，不藏私分享日本拉麵最關鍵機密！

重視鮮味、香味、甜味之間的均衡！
用於鹽味拉麵和冷麵，充滿紫蘇味的風味油！
熬煮的濃郁湯頭，搭配相得益彰的配料！

【配料、麵體 · 全步驟分解】
叉燒肉好吃的秘訣！？豬五花肉要怎樣才能成為上品叉燒，如何讓醬汁滲透入味？雞胸肉更要用烤箱烘烤！？不同品項的配料製作，圖解加步驟拆解，了解更細節方法。
麵體粗細也是一門好大的學問！？切條的直角、面寬也對味覺感受有所不同，帶您了解不同製麵方法。

【多種湯頭元素】
昆布高湯、鮮鯛魚湯、濃郁豚骨湯、魚乾高湯、雞高湯、魚貝湯……等等，多款特色湯頭，從味覺組合帶你了解，如何熬煮出最道地的特色湯頭

【地域特色拉麵 · 特色分析】
『專程跑了一趟』基於這樣的信念，只為一碗有著 4 片叉燒肉、 2 倍筍乾、溏心蛋、 3 片海苔的拉麵，平均單價 1050 日圓，到底是什麼吸引客人一再回顧、對店家念念不忘，其中的祕訣又是什麼呢？

TITLE

開店製麵 人氣拉麵店烹調技術

STAFF

出版 瑞昇文化事業股份有限公司
編著 旭屋出版編輯部
譯者 龔亭芬

總編輯 郭湘齡
責任編輯 蕭妤秦
文字編輯 張聿雯
美術編輯 許菩真
排版 洪伊珊
製版 明宏彩色照相製版有限公司
印刷 龍岡數位文化股份有限公司

法律顧問 立勤國際法律事務所 黃沛聲律師
戶名 瑞昇文化事業股份有限公司
劃撥帳號 19598343
地址 新北市中和區景平路464巷2弄1-4號
電話 (02)2945-3191
傳真 (02)2945-3190
網址 www.rising-books.com.tw
Mail deepblue@rising-books.com.tw

初版日期 2022年4月
定價 500元

ORIGINAL JAPANESE EDITION STAFF

撮影 後藤弘行、曽我浩一郎（旭屋出版）、佐々木雅久、野辺竜馬、徳山善行
デザイン 株式会社ライラック（吉田進一、廣澤杏奈）
編集・取材 井上久尚 松井さおり 河鰭悠太郎 大畑加代子

國家圖書館出版品預行編目資料

開店製麵 人氣拉麵店烹調技術：排隊名店的「麵條.湯頭.食材.調味醬」製作方法與理念/旭屋出版編輯部編著；龔亭芬譯. -- 初版. -- 新北市：瑞昇文化事業股份有限公司, 2022.04
192面；20.7 x 28公分
譯自：自家製麺ラーメン店の調理技術：人気店の「麺・スープ・具材・タレ」の作り方、考え方
ISBN 978-986-401-551-1(平裝)

1.CST: 麵食食譜 2.CST: 日本

427.38 111003982